土佐の鳥

渡邉俊平

まえがき

私と鳥の関わりは幼少の頃からである。

自宅の欄間に「松に鷹」が彫られていた。玄関の床の間に「葦雁図」や表座敷に「梅に鶯」の横額があるのを見て育った。

昭和三十三年小学校三年生の時、校庭の赤松の巣から落ちた黄鶺鴒（きせきれい）の雛を拾ったのが野鳥に触れた最初の出来事だ。その頃は近所に飼鳥と銃猟をやる老人や大瑠璃を大きなコバンで飼う老人もいた。

昭和三十年代の中山間地域の子供の秋から冬の楽しみは、コブテ（首ッチョ）やワサで鶫、鵯、雉鳩などを捕り、食べるか売るかしていた。あるいは囮を使い目白を落としに行っていた。そんな環境で育ち、飼鳥に興味を持ち、自分が見聞した鳥を日誌に記録していた。本を読んだりラジオを聴いたりやがてテレビも見るようになり鳥に関する知識が増えていった。そして中西悟堂の定本野鳥記を購読してから更に研究しようとした。鶏や地鶏（じとり）、伝書鳩を飼い、目白や鶯、山雀や頬白を買って来ては飼育したり貰ったり捕ったりした。あちこちの動物園や鳥飼い、小鳥屋を訪ねたりした。

生前の父が「そんなに鳥が好きなら和田豊洲(とよす)さんみたいに、博士になって本を出したらえい」と言った。母に「鳥に金と時間を使うのは、もったいない。勉強したら」と言われた。叔母(父の妹)は「俊平ちゃんは、いそしいねえ、器用貧乏じゃねえ、そんなに色々やらんずつ一つの事に集中したら、もっと有名になっちゅうに」と言われた。

飼鳥は鳥の生態研究と愛玩趣味を満足させるものであった。いわゆる癒しであった。

五十余年前と令和の時代を比べると、野鳥の種類、個体数が激減した。私が研究を始めた頃は古老が「昔はもっと鳥がおった」と言っていたので今では想像もつかない。

世界的には地球温暖化と人口増加で、鳥の生息環境が変化し、絶滅危惧種が増えた。日本では平成二十四年四月一日から、狩猟鳥以外の野鳥の捕獲飼育が禁止された。

これによって日本の飼鳥文化が消えた。

私が鳥の研究を始めた頃からの世相風俗と土佐の風土、自分の出会った人と鳥。今の世代が知らない事象を文章化して、後世の資料の一助になれば幸である。

土佐の鳥　目次

第一章　土佐の鳥

１　目白

日本の鳥は六百三十三種余り、県内では約半数の三百種余りが、年間を通じて確認されている。私の暮らす佐川は盆地で寒暖の差が大きく、低山帯の植林と雑木に囲まれた耕地や河川、人工池がある。約十キロ四方の中山間地域である。海岸や干潟があれば多くの鳥が見られるが、私の十五歳からの鳥の研究で、約百三十種余を確認している。もう五十五年余となる。

佐川町出身で『セルボーンの博物誌』の翻訳で有名な西谷退三（竹村源兵衛）や本県鳥類学の泰斗の和田豊洲（とよす）博士（故人）の若い頃の明治末年は今よりずっと多くの鳥達がいたであろう。

近年、佐川では川鵜、蒼鷺、海鷹（みさご）（鶚）、大鷭、磯鶇、大鷹、など昔は見なかった鳥がいる。さらに中国原産の画眉鳥までいる。

狩猟鳥以外は、平成二十四年四月一日から捕獲飼育が禁止となった。一世帯一羽だけ飼養許可が下りていた鳥、目白も禁止となった。これにより日本の飼鳥文化が消えた。和鳥（洋鳥に対して）で、日本人に最も愛好されたのは丈夫で飼い易い目白、良く鳴くからだったが……。〈鈎は鮒に始まり鮒に終わる〉と言うが、飼鳥は〈目白に始まり目白に終わる〉。

目白は全世界で五十種余りいる留鳥である。

日本では北海道以外の東北から琉球列島にかけて生息する。私も目白の亜種の七島目白（伊豆七島に生息する目白、神津島で見た）の他に関東、関西、九州や沖縄に台湾などで目白を見た。文化・文政時代から目白のランクは一に紀州、二が淡路、三に阿波、四が土佐で五が豊後と決まっていた。三から五は時によりけりもあったようだ。

和漢三才図会（わかんさんさいずえ）や飼鳥の古書を見ても目白は、人気の飼鳥であった事がわかる。黒潮流軸の太平洋岸近くの山林に生息するのが美声、美形といわれてきた。数多くいた事はその昔、室戸では客の饗応に目白の焼鳥が出たとか。全国的にコブテ、首っちょとかカスミ網で目白は食用に捕られていた。全国的にあった悪習をなくす為に昭和三十九年に狩猟法の大改正があった。鳥獣保護及び狩猟に関する法律と題目が変わり「保護し増やして獲る」と養殖事業が発生した。狩猟期間、捕獲数、場所制限と細かく規制されるようになった。昭和四十年代は野鳥は目白、鶯、頬白、山雀、雲雀、鸞、真鶸の七種の捕獲飼育が可能だった。

今は目白のみ一世帯一羽飼育できるが、これは平成二十四年三月三十一日までに飼養許可を得ている人のみである。佐川町は一羽三千四百円を毎年支払い更新しなければならない。昔は農林大臣許可だったが今は環境省が都道府県に委嘱し、各市町村長の許可になっている。

目白の雌雄の判別は、雄は眼と嘴を結ぶ線が黄色である。又、白い腹部中央に細い一条の縦線がある。雌にはこの特徴がない。

声は雄はティーとアクセントを付けて長く鳴く。雌は平板でツゥーと聞こえる。雄は二声（二口）と言ってティーチンと声を重ねるのがいる。驚いた時や逃げる時、仲間を呼ぶ時にキョロキョロキョロと長く鳴くのは、鳴前（なきまえ）と言って雌雄共に鳴く。群れで飛来していて驚いたり危険を感じたらリーダーがティーピッピと鳴いて一斉に飛び去る。

餌は昆虫、果実、蜜などであるが、飼鳥の場合は青菜（粉）、煎大豆粉、魚粉の混合飼料である。これが土佐餌と呼ばれる。他県は米粉が含まれる。一日一回、朝給餌する。併せて水浴、糞掃除をしないといけないので無精者に飼鳥は無理である。又、鳥飼いは長期旅行が難しい。ペットショップに預ければ一日一羽数百円必要である。家族に頼んでも餌を間違えたり餌やりの時に逃げられたりする。夏に腐敗（酸敗）した餌を目白が食うと、黒トヤと言って換羽後、喉に黒い帯が出る。これは翌年の換羽まで消えない。

囀鳴の最盛期は三月から六月中旬までである。今は昔、この間、全国各地で寄席という競鳴会（コンクール）が開かれていた。高知城下は数鳴き、後免（南国市）は長鳴きが有名であった。夜飼いを焙（あぶ）る、という。これは日照時間を長くして視神経から脳下垂体ホルモンを刺激して雄性ホルモンの分泌を促すから早く鳴き始める。数鳴きは三分間で何口鳴くかを競うものである。会場の高さ一メートル余の平台五つに一羽ずつ、計五羽が等間隔に並び笛の合図で一斉に鳴き出す。高知県内の主な寄席は高知市内、南国市内、土佐市内、宿毛市内にあり、毎春三月から五月にかけて県内外の目白愛好家が集まっていた。各寄席は会員制なので、会員外は飛入りとして一羽五百円を払い参加していた。その後平成初めは飛入り五千円、年会費二万三千円が必要な会もあった。昔はソロバンで審査員が勘定していたが昭和五十年代からデジタル化され即同時に計数できるようになった。聞き馴（な）しで「忠兵衛長兵衛長忠兵衛」を繰返す。

相撲同様に番付があり、横綱なら千口近くも鳴く。つまり三分間止（や）めなしに鳴き続けないと優勝できない。昔、千口以上鳴いて鳴き死んだという伝説もある。後免の長鳴きの場合は二十秒以上鳴く目白でないと参加できないのであった。最長三分近くも鳴くと並大抵ではない。

私は昭和四十年代末期に高知城下で小鳥屋をしていた鳥飼いの翁（故人）に出会い、飼鳥のノウハウを学んだ。鳥飼いの翁は若い頃、東京の帝國ホテルで和食の板場にいたとか。

戦後高知に帰り連れ込み旅館（今のラブホテル）を経営し、趣味で和鳥を飼っていた。この鳥飼いの翁は典型的な「異骨相」で客が「鳥の糞が臭い！」と文句を言うと「臭うて厭なら泊って貰うようばん、去んでくれ！」と言うので、客足が遠のき遂に小鳥屋に転業した。目白、鶯、山雀、頬白、大瑠璃、黄鶲、河原鶸、鸚鵡までいた。朝早く餌をやり、囮籠と追込籠を風呂敷に包み、背負子を担ぎ、弁当や水筒、鉈、鎌、黐竿、カセットテープやカスミ網などをバイクに縛り、鳥捕りに出掛けた。雨、風、雪の日や冬期以外は、東は室戸、安芸方面、西は安和から久礼、北は土佐山方面まで、足を伸ばしていた。

そうして立仔（巣立雛）や渡来直後や渡り前の成鳥を捕獲して餌付け、販売していた。雨の日は餌を袋詰めしたり、飼育用具、鳥籠（土佐弁でコバンと言うのは籠盆の転訛で、本来鳥籠の底部を言う。日葡辞書＝四百年余前にあるとか）、鳥黐やカスミ網も売っていた。時に奥さんが店番をしていた。

今でも思い出すのは、戦後高知の目白寄席を代表する人の話「室戸の鮪船主の○○萬吉さんと、△△銀次郎さんの鳥は、しょう鳴いたが違う」と言うのが口癖だった。翁が逝きもう三十余年経つ。近年まで目白寄席が続いたのは、優勝鳥や名鳥に一羽百万円程の高値で買う業者や愛好家がいたからだ。昔は毎年、違法捕獲や無許可飼育で御用になった新聞記事が出ていた。目白の捕獲、飼育禁止の現在、法改正前の許可証で飼育している者は

寄席（競鳴会）に使用された8寸（24㎝）の組コバン

死んだら終り。目白が先か飼育者が先か、天のみが知る。

２　鶯

古来から詩歌に詠まれ絵画に表現され春告鳥として名高い鶯は、駒鳥、大瑠璃と並び日本三鳴鳥と称される。宝法華経と聞き馴しをされている留鳥である。二月から夏頃まで鳴くが老鳥となると八月でも鳴く。俳句では夏の鶯を老鶯と洒落て呼び山での声を珍重する。

低山帯から亜高山帯下部二千メートル位までの山々に生息して、秋から冬は里山や市街地まで下りて来てチャッチャと笹鳴(ささな)きを雌雄共する。いわゆる谷渡りとは谷から谷へ響くようにキッキョキッキョキッキョキッキョと繰返し鳴く事を言う。

又、二(ふた)ツ拍子と言ってホーホケキョケキョと二度鳴きをするのもいる。目白の二声と同じ習性である。鳴き声は三味線の律、中、呂の三段階に分け最初の律音をタカネ、次の中音をナカネ、末の音をサゲと呼ぶ。この三段を日月星に比してこれを三光(さんこう)と称し、三つ音(ね)とも言い土佐では月星と言う。関東では仮名口、関西では無字口(むじぐち)という鳴き方もあったとか。その昔、京より江戸へ鶯を持ちより放した所が鶯谷として今も東京都台東区に地名

（駅名）として残っている。

神功皇后の時代より鶯の飼育が始まり江戸時代は将軍、大名、武家、町人まで盛んに飼育されたようだ。諺（ことわざ）で「阿呆の鳥飼い」と称して酒色に溺れる輩と同列に置く時代もあった。佐川領主の深尾公も飼育していて、その鶯の死を悼み石碑を建てている。

高知城下の鳥飼いの翁の店で見た籠桶（こおけ）は土佐では留籠（とめこ）と言うが、太鼓胴（たいこどう）と言って、コバン（鳥籠）の収まる箱の胴部が大鼓状に膨らみ、エコーがかかるようになっていた。籠桶入口は障子戸と一枚板の戸と二重扉になっていた。塗りは黒漆で四隅金具留があった。

飼い方は目白と同じだが下餌（魚粉）の割合が高く、玄米煎粉、米糠、青菜（粉）を使用し、時々ミルウオーム（虫）をやると滋養になる。この鶯も今は捕獲飼養禁止である。

もう五十年余り前、私の祖母の福の兄で、和田至吉（よりきち）を佐川町尾川山田に訪ねた。翁は九十歳近く小柄で、村山富市元総理のように白毛眉が瞼を覆う程長かった。二十四歳で日露戦争・日本海々戦（明治三十八年五月二十七日）に参戦、軍艦常磐（ときわ）に乗り激戦に耐え無事凱旋した海軍一等機関兵だった。訪問した時に「敵弾が二回飛うで来た、海戦を見物して構（かま）わぬ、と言われて見よったが、あればぁ面白い事はなかった！」と快活に話していた。司馬遼太郎の「坂の上の雲」にも同様の事が記述されている。常磐を含む連合艦隊は、バルチック艦隊が日本海へ来る前に一時帰国し修理・補給に当たった。この時に常磐は須崎港に

1等装甲巡洋艦　常磐（ときわ）
イギリス・アームストロング社製1899年（明治32年）
排水量9,855t　21.5ノット　全長124m　幅20m
8吋砲4門　6吋砲14門　小口径銃20門　魚雷発射管5門
艦長 吉松茂太郎 海軍大佐（幡多郡中村出身）
※祖父春馬（大正4年同姓同名の存在により修三と改名）明治41年呉海兵団入団、大正元年除隊、常磐に乗艦（1908年）、海軍1等水兵

寄港したのを祖母は父の久太郎（ひさたろう）と共に尾川から須崎港までの二十四キロを歩いて斗賀野峠を越えて面会に行ったとか。「水兵が三味線を弾きよった」と祖母が言っていた。至吉翁は村会議員をしたり農業が主で炭焼きもしていた。鳥好きで鶯は月星（つきほし）を飼っていた。翁の父の久太郎も鳥好きで、部屋に目白を放し、コバンの入口を開けておくと目白は自ら入ったとか、大豆を石臼で挽いていたと祖母が語っていた。「目白は声が細いけ聴こえん、鶯は声が太いけ良う聴こえる」と翁が言ったのを思い出す。良い鶯は小春日和なら冬でも鳴く

し、朝から晩まで、終日鳴くのもいる。目白同様に夜間灯りを入れて正月に鳴かすのも鶯の飼い方の一つである。

　鶯は声は美しいが姿は地味である。電話で美声の女性に実際に会って見るとイメージが違う事がある。飼鳥は見鳥、聴き鳥に大別し、鶯は聴き鳥である。両方兼ねたのは本朝(ほんちょう)四鳴鳥と言い、駒鳥、大瑠璃、黄鶲(きびたき)、深山(みやま)頬白がいる。鶯の繁殖期は三月から五月で一番仔が五月に巣立つ。巣は低山の灌木林か笹藪で近くに小川か渓があるような所にカヤ、笹の枯葉で地上一メートル位の高さに入口を横にした巣を作る。卵は四、五個でチョコレート色。一卵だけ大きいのがあれば杜鵑(ほととぎす)の托卵である。

　鶯は巣仔を捕り、付け親をして仕込まないと名鶯は出来ない。立仔は手で掴むとチャーチャーと鳴くが二歳では嘴で突つき、三歳以上は何もしなくなる。

　五十余年前、私は、日本野鳥の会の創始者で文化功労者、読売文学賞受賞者で、死後に天台宗大僧正になった中西悟堂の「定本野鳥記全八巻」を買い、読後感と日本の野鳥の将来について手紙を出した。折返し、高齢で眼を患っているが貴男の心情に感じて、と返信を頂いた。この野鳥記に中西悟堂が煙兄霞弟と称した野鳥俳句の先人、山谷春潮(やまやしゅんちょう)が出てくる。かの有名な脚本家・倉本聰(そう)の父君である。今の私が野鳥俳句を続けているのは山谷春潮の野鳥歳時記が原点である。カメラ同様に瞬間を十七文字にして記録に残すのが私の野鳥俳句である。

バードウォッチングが静かなブームだが、最近、鳥カフェが全国的に広まり梟や猛禽の鷹などを飼育展示して触れさせて撫で回すのは如何なものか？　輸入鳥だが……。さらに鷹を飛ばして手元に帰らす渡りのショーも全国各地でやっている。私も安芸市土居の城跡公園とか鳥取のフォーゲルパークで見た事がある。

千余年前、枕草子を清少納言が書いた中で鶯を「九重（ここのえ）のうちに鳴かぬぞといとわろき」と声をはじめとして姿形も、あれ程上品に、かわいらしいのに宮中で鳴かないのは誠によくないと評している。高麗鶯（朝鮮鶯）と呼ばれる飼鳥もいるが、これは眉が黄色くて声は全然違う。飼鳥として昔は何処の小鳥屋にもいた。五十余年前から三十年程前、昭和の終り頃までは旭から下知、高知駅前から栈橋までの方形の地に十数軒の小鳥屋があり、日曜市では目白、鶸、カナリヤ、ベニスズメ、ジュウシマツなどの飼鳥、チャボ、地鶏、家鴨などの家禽も売られていた。今は高知市中央部の小鳥屋も数軒になり、食品衛生上、犬猫や鳥類の販売は、日曜市では、よろしくないとして現在は販売されていない。

ところが夜は日曜市もないので、追手筋の楠の並木や、中央公園の街路樹は椋鳥の大群の塒（ねぐら）になるのである。多い時には夕暮れ時に五百羽余りの大群を見た事があった。

今や地球温暖化で鳥類の渡りの時期が違って来た。雁鴨類の南下が遅くなり、鷺類が渡りをせず越冬して留鳥になっている。洋鳥の飼鳥が日本で野生化している。日本の環境が変わっても鶯の美声が千代に八千代にと願う次第。

鶯の初音遠くに日の暮れぬ　　俊平

鶯の初音聴きたり里山に　　俊平

３
黄鶲（きびたき）

　黄鶲は本朝四鳴鳥（ほんちょうよんめいちょう）で、夏鳥として三月の彼岸頃に燕同様に渡来する。私が小学校四年の時に学研の月刊誌〈四年生の学習〉に黄鶲の話が載っていた。津軽海峡で操業中の漁船が台風に巻込まれた。その時、無数の黄鶲が漁船の灯火の周囲に群がっていた。船長が、それを見付け難破せず無事、入港したという話を思い出す。

　目白と同じ位の大きさで、背面は黒く腹部は白い。喉と腰と眉（まゆ）が美しい黄色である。雌は鶯色をしていて鳴かない。声の良い雄は顔も良い。鳥といえども一羽一羽、美醜がある。低山帯から亜高山帯下部、石鎚山八合目の辺りはいる。ツクツクホーシを繰返し、間に目白や山雀の声を真似て鳴く。余り人を恐れず、動かず座していると至近距離まで、近付いて眼が合っても逃げない。

　飼鳥としては見て良し、聴いて良しの上品な鳥だが保護鳥である。昔は海外からの輸入証明書があれば飼えた。今は捕りも飼いも出来ない。野鳥という名詞を造語したのは中西悟堂である。鳥を扱う商売人や鳥飼いは〈鳥〉と言い、野鳥とは言わない。

この鳥の捕獲方法は他の鳴鳥と違い、囮籠を泉水や渓の水たまりの近くに置き、囮籠の上に黐竿を水平に枝木二本で支えて置くのである。昭和四十年代後半からカセットテープレコーダーの携帯用が普及してから、囮の代用に鳥声テープを流して捕獲するのが流行して長く続いた。目白、鶯、大瑠璃、黄鶲など諸鳥に使われた。

今でも強烈な印象として思い出すのは、昭和末期、県内のペットショップに行った時である。店頭にアライグマが鎖でつながれ、鸚鵡（おうむ）が鎖付足環を付けて止り木にいた。店内はコバンや擂鉢、餌猪口（えちょこ）、鳥黐、ドッグフード、キャットフード、首輪、リード、棚には初めて見る〈八ツ頭（やつがしら）〉がコバンに入っていた。オーナーは色浅黒く肥満体で鯰髭で、私より年上に見えた。中国系の料理人のイメージだ。何回か店に通う内、私を鳥キチと思ったのか「鳥を見ますか？」と言うので裏へ付いて行った。

すると鉄骨二階建てトタン張りの倉庫風の鳥小屋に入った。そこには、目白、鶯、山雀、駒鳥、頬白、大瑠璃、黄鶲などの鳴鳥が金属製ケージに入れられピーピー、ギャーギャー鳴きわめいていた。これは餌やり、水浴び、籠掃除に一日かかると思われた。「何羽ばあ、おるが？」と訊くと「七百羽います。今晩トラックへ積んで鳥取へ行きます。明日の朝着きます」と事もなげに言った。そして二階に行くと一階と同様に種類ごとに十羽から二十羽位入れられズラッと並んでいた。さらに驚いたのは駒鳥が七十羽余りもいたのだ。石鎚山系や剣山周辺で捕獲されたとか。石鎚スカイラインが完成し、自動車で行く密猟者が増えたのだ。県内にこんなマル秘ゾーンがあるとは、あっぽろけだ。業者か身内でないと入れない、見られない所へ行けたのは面白かった。そして店へ戻ると風呂敷包みの追込籠を持った中年の男がやって来た。目白の立仔を売りに来たのだ。この当時、県内で和鳥を扱う店は何処も立仔、成鳥の鳴鳥を買上げていた。ここのペットショップは成長を続け遂に鉄筋三階建のビルになった。新築落成の写真入りの新聞広告が出たのを覚えている。が、程なくオーナーは急死した。生者必滅、栄枯盛衰を実感した。

鳥の値段と言えば輸入鳥は、ワシントン条約の規制対象外なら売買が自由なので猛禽類が人気である。三年前に高知城下のペットショップで白梟を見たので値段を訊くと四十七万円とか、カナリヤ、文鳥、セキセイインコも大体、一羽七、八千円、九官鳥は十万円近く、鸚鵡類は二十万円近くする。今年は面梟（めんふくろう）を見たので値を訊くと「十八万円」とか。日本全国のペットショップに梟や鷹が売られていると絶滅危惧種になるのも、そう遠くないと思った。人気の梟は生き餌と言って、生きたネズミや小鳥が餌なので餌代が高くつく。もっとも冷凍肉で代用する人が大多数らしいが。販売業者も適正管理、飼育が出来る人で捨てたり虐待の惧れのない人じゃないと売ってはいけない、との御達しが関係機関から出ているとかで買う時は誓約書にサインがいる。

昔、かの鳥飼いの翁は、黄鶲の新鳥（捕えたばかりの鳥）に、両翼を尾羽の上で重ねて黒木綿糸で縛っていた。黄鶲が暴れて骨折したり、コバンの透間に嘴を突込んで目を刺したり出血しないようにしていた。

餌付は摺（煉）餌の上に、砂糖かミルウォームを載せる。それでも餌付かない時は、割餌と言って割箸で口を開けて餌を入れる。縁のない鳥は食わずに死ぬるか、餌をやる時、手と入口の隙間から逃げるのだ。

新鳥は餌の見える部分だけ明るくして風呂敷をかぶせて落付かせ、そして日中、如露で水をかけると大人しくなると鳥飼いの翁は言っていた。黄鶲のコバンは目白用より大きく、長一尺、高七寸、幅六寸五分で竹ヒゴが細い。新調のコバンは熱湯で煮沸すると虫が入らない。

コバンは籠桶（土佐弁で留籠）に入れる。籠桶はコバンを何個も入れるのがあり、障子戸と網戸の二重戸である。網戸は猫やネズミ、蛇、ナメクジ、蚊の侵入を防ぐ為。幕末の土佐で潮江村の大庄屋、山崎弥右衛門が作ったか、使ったか、コバンの四隅を重ねずに組んであるのを山崎コバンと言う。何も土佐独特でなく、中京、関西で高級コバンとして存在する。竹細工職人でコバンを作る者が激減し、松竹梅や雲形、波形の飾りを入れると数万円以上する。もっとも飼鳥禁止の今は需要がないだろうが。

日本の鳴鳥で巣仔か立仔を入手して平均、十年前後が寿命だろう。昔、目白の餌にバナナを与え十年飼っている人を見た事がある。稀に十五年以上生きる鳴鳥もいるが、老鳥になると両翼が垂れて嘴の付根の毛が白くなり脚が角質化して止り木から滑り落ちたり、声に張りがなくなる。こうなると、そう長くない。山野で天敵や風雨、飢えに耐え自由な空間を飛び回っても三、四年位が寿命と思われる。尚、食塩は飼鳥に毒である。但し青鳩は塩水を飲む。

それより天地一尺以下の狭小な空間で、飼育者の監視と管理下に置かれ極上の餌を与えられ、精出して鳴くのは「すまじきものは宮仕え」と言われた古今東西のサラリーマンに通じるものであろう。鳥も人と同様、健康状態は眼で判る。眼は口程に物を言い――至言である。

4　大瑠璃

本朝四鳴鳥の代表格で駒鳥、黄鶲（きびたき）、深山頬白（みやまほおじろ）と違い、比較的、近郊で見られる。眼も覚めるような鮮やかな瑠璃色。喉が黒く、腹は純白で鶲科の鳥なので木の枝に止まると尾を上下する。燕と同じく三月末に渡来し十月初旬に東南アジアに帰る。雀や山雀より大きく一つの谷に一番（ひとつがい）いる。谷や渓谷で良く見られ、崖や松の梢で鳴いている。ピールリピールリホィホィピージェジジェと、必ずジェジェを入れる。単純明快な節の繰返しなので口笛に寄って来る。私の若い頃は、大瑠璃、鶯、目白、山雀、日雀（ひがら）、三光鳥、鶫は近くまで呼び寄せる事が出来た。

五十余年前の私が少年の時に越知町の横倉山で、高知県主催の探鳥会があり、和田豊洲博士が講師であった。杉原神社前の広場で私が日雀を真似ると「あれが日雀です」と博士が言われたので「あれは私です」と言うと皆が感心した。今は高知県主催の探鳥会はない。日本野鳥の会高知支部の西村公志（こうじ）支部長が毎月一回、高知城周辺か近隣の市町村で催している。

日本で最初の探鳥会は中西悟堂が主導で、昭和九年に富士山麓に日本の文人墨客、学者等が集い画期的なイベントになった。今の日本野鳥の会は、名前だけ創立時と同じだが中西悟堂の構想、主張と相容れず、全く別の団体である。探鳥会は今も全国各地で定期的に行い、毎年一月に雁鴨類の定点観測を全国一斉に環境省がやるのに協力している。各種団体や野鳥写真家の探鳥地では富士山麓、軽井沢、釧路、知床、伊豆沼、佐渡、出水平野など。県内では工石山、浦戸湾、石土池、高知城公園などである。昔は高知城公園に高知市立動物園があり小学生の遠足コースの定番だった。象の南海子(なみこ)や県鳥の八色鳥がいたのを思い出す。石鎚山や瓶ヶ森は五十年前にあった天然林の老木大樹が石鎚スカイラインの完成と共に消失した。瓶ヶ森は林道が出来てから駒鳥の声がしなくなった。私はスカイライン開通前の石鎚山に登っているので違いは良く判る。

鳥の声はＮＨＫラジオの「朝の小鳥」で覚え、姿はテレビ「自然のアルバム」や鳥類図鑑、写真集、動物園や小鳥屋、鳥飼いの鳴鳥を見て覚えた。今のようにパソコンやＣＤ、スマホもなく不便だった。五十余年前は、純粋な探鳥会でなく、後日、鳴鳥や巣仔を捕りに行く不逞の輩もいたのだ。当時、双眼鏡を首からブラ下げていると覗きか痴漢と思われるような時代で探鳥者は稀だった。

小学生の頃、昭和三十年代、近所に狩猟と鳥飼いが趣味の老人が二人いた。兎や狸を狩り、大瑠璃、頬白、鶯、目白、鶉などを飼っていた。今頃、狩猟と飼鳥の両方をやっていると若い女性は「二重人格者」と言う。殺生と愛玩の二律背反がわからないのだ。

大瑠璃は渡来直後の親鳥か、立仔か、渡り前の親仔を捕るか。餌付けると割と寒さに強く室内で籠桶に入れて置けば七年以上は生きる。大瑠璃の名鳥は鐘叩きと言うと鳥飼いの翁に教えられた。雌は極めて地味な焦茶色で、抱卵、育雛は頑張るが普段は見かけない。土佐の海岸部より佐川のような中山間地域、更に奥地の杉や檜の植林の山でも谷川があれば大体生息している。最近は、捕獲飼育が禁止の効果が現れ生息数は増加していると思われる。

大瑠璃の魅力は派手な色と朗々たる美声だ。大瑠璃を捕るに使われた鳥黐（とりもち）は私が小学生の頃、金物屋か雑貨屋で割箸一巻（ひとまき）十円だった。今はホームセンターで一缶（二巻分か）千円以上する。鳥黐の原料はヤマグルマで、主産地は鹿児島県屋久島である。捕獲禁止の今でも需要があるのは密猟者がいるのだろう。三年前（平成二十八年）の六月に民放（さんさん）テレビで中国の業者が三百羽の目白を不法飼育で摘発されたのをやっていた。その前はNHKの特集番組で大阪港周辺の倉庫に目白が一万羽収容されているのを放映していた。

日本産目白は一羽八万円とか。中国は古代より王侯貴族から庶民まで、飼鳥を楽しみ、その伝統は今も続いている。昔の話だが土佐では大瑠璃を単に「ルリ」と呼び目白の数倍の値段で小鳥屋に並んでいた。目白一羽が千五百円の頃に、大瑠璃の成鳥一羽三千円、仔二千円、東京など大都会で一万円以上の高級稀少鳥だった。

鳴鳥に限らず諸鳥の研究用に買った本は、鳥類図鑑や写真集、単行本、全集があるが、欲しくても買えない本もあった。戦前の朝日新聞社カメラマンの堀内讃位（さんみ）の「日本伝統狩猟法」という写真集の大冊で、昭和六十年に出版科学総合研究所から六万余円で出版された。だが高価なので買ってない。見本誌を見ただけだ。見本誌には鳥の剝製を使うと諸鳥が寄って来る写真や、油黐で鴨を捕る千本擌（はご）とか珍しい猟法が写真解説付で載っていた。絶版になっているから、もう入手不可能だろう。神田神保町の古書店を探索すればあるかも知れない。

大瑠璃の樹間の飛び方は、直線的で攻撃性が強い（雄は）。囮を見付けると暫く凝視して動かず鳴き比べというか小声で句囀（ぐぜ）る。そして囮目指して突進して黐竿（擌（はご））に引っ付いて羽が抜けるのでカスミ網を使うと鳥飼いの翁は言っていた。目白の場合は囮が良いと「寄せ」と称して巧みな口調で句囀（ぐぜ）り、羽を震わせて忽ち黐竿にブラ下がらせる。と多くの目白飼いは言っていた。あれも昭和の思い出か……。

大瑠璃の囀鳴（てんめい）期は四月から六月中である。七月八月は換羽期だから鳴かない。これは全ての鳥がそうである。昔の鳥飼いは、飼鳥が名鳥ならコバンも、りぐって（念を入れて）猫足の付いた籠盆に九谷焼の色鮮かな餌猪口を使い、真鍮製のΩ型の金具をコバンに付け、その輪の中に朝顔型の餌猪口を入れていた。ずっと昔は樽型の白地に藍の縁塗りで耳が二つ（穴あき）が付いてコバンに刺し楊枝で止めるやり方だった。餌猪口も朝顔型や蘭鉢型などあるが九谷焼は裏に銘（プリント）が入り一個数百円する。ちなみに昭和三十年代の耳付餌猪口は一個十円か十五円だった。尚、止り木は黒文字、桐、朴を使う。大瑠璃は見ても聴いても飽きない名鳥である。もう捕りも飼いも出来ない幻の鳥となってしまった。

大瑠璃の終日鳴ゐて飼はれをり　　俊平

5　鶫

土佐の冬を僅かに彩る鶫は保護鳥である。土佐弁ではツグミがツムギ、チョーマ（鳥馬）と呼ばれて来た。高知県方言辞典や柳田國男が推奨した喜多村信節の嬉遊笑覧にも載ってないが広辞苑にはある。江戸時代の俳諧師越谷五山の物類呼称には「五幾内の俗。つむぎと云　関東にて　てうまと呼」とある。

鳥の名を方言で表わすと地域によって様々な呼び方がある。鳥の研究は単に鳥類学だけでなく歴史、文学、美術工芸、民俗学、植物学、地理学、気象学、解剖生理学など鳥に関係する分野の知識も必要だ。

四国に渡来する鶫は、鶫、白腹、赤腹、黒鶫、虎鶫、眉茶鶫、眉白の七種類である。佐川では鶫、白腹、虎鶫しか見た事がない。鶫はカシワツグミ、白腹はアオツグミ、虎鶫は又土と呼んでいた。鶫は淡黄白色の眉が目立ち、背中は茶褐色、喉は白、胸から腹は波形の黒斑がある。鶫と同じ大きさでクェックェッと二声鳴く。十月に渡来して四月中旬までいる。北帰行の前に電線に並ぶが今は多くて二十羽前後か。昔は自宅上空を五十羽余りが群れで南へ飛ぶのを何度も見た。今は庭のピラカンサスや南天に一羽で来るのを時々見る位に激減した。

シベリアから大群で日本に渡来した鶫は江戸時代からカスミ網で北陸、中部、東海地方で侍階級の特権として捕獲されて明治維新後、庶民も加わり禁猟になるまで、毎年数百万羽の捕獲数が農林大臣に報告されていた。実際は鶫以外の鳩、鶸、目白、鶯、山雀、頬白など焼鳥用に網にかかる野鳥は密猟されていた。従って数字の何倍もの野鳥が捕られていた。それらはカスミ網猟の見物客や都会の飲食店、料亭の肴となっていた。

この状況は中西悟堂の定本野鳥記に詳述されている。この光景を「カリカリと哀れに旨き鶫かな」と詠んだのはカスミ網猟の見物客だ。

高知県でも六十歳以上の土佐人なら、小中学校時代にワサ、コブテで南天やヒサカキを餌に鶫や鵯、鳩を捕って売ったり、夕食のオカズにした思い出があろう。かの世界的植物学者・牧野富太郎博士も少年時代コブテをかけた思い出のハガキを出している。捕獲した鶫は二、三十円で鳩や小綬鶏は五十円から七十円で食料品店が売っていた。料理屋、魚屋でも焼鳥で売出していた。処理した鳥の羽毛は座布団になっていた。昭和三十年代の事だ。今の焼鳥とは比較にならない絶妙の味だった。

今から二十余年前か、佐川町立桜座に、土佐人の漫画家・岩本久則（きゅうそく）が夏期講座の講師としてやって来た。鳥好きの久則氏は「山の尾根に長い長いカスミ網を張って囮を鳴かせ鶫を密猟して暴力団員が張り番をしている」と話した事だった。日本でカスミ網猟が出来なくなるとフランスとスペインの国境のピレネー山脈近辺で、日本からカスミ網を輸入して密猟し冷凍食鳥として日本へ商社が輸出していた。それらは高級料亭に売られていた。

同様に東南アジアでも焼鳥用に小鳥がカスミ網で大量捕獲され日本に冷凍食鳥として輸出されていたのが新聞やテレビで報道されていた。当時国内で鶫一羽を千円で業者が仕入れ高級料亭では食膳で三千円だったとか。もうカスミ網は売りも使いも出来ないが環境省の特別許可で調査研究の為に使用する事がある。

北陸、中部、東海地方のカスミ網猟は大規模で囮もたくさん必要であった。空を飛ぶ鶫の大群が舞い降りるように、逃げた群れが戻ってくるように鳴くのが良い囮とか。

春の囀鳴期に暗室に入れ口を噤（つぐ）ませ秋に鳴くように仕込んだのだ。ツグミの語源も噤むから来ているとする説もある。この囮を入れるコバンは一尺二寸で竹ヒゴが太い。普通、地味な色の飼鳥は竹ヒゴの細いコバンに入れるが、ツグミを山に運ぶ途中、転倒したり枝に囮をかけて下に落としても壊れない丈夫なコバンが必要なのだ。

三十年余り前から日本の技術指導で中国製のコバンが日本に輸出されている。日本製と比べ安価（二分の一）だが品質が悪い。数年で劣化する。飼鳥禁止の今でも売られているのは如何なものか、不法飼育は後を絶たない。

ところで毎年、野鳥の生息状況が変わっている。五十余年前に中西悟堂の構想は全国土を禁猟区にして、猟区は特別に設置して、野鳥の保護増殖を企図していたようだ。が今は有害鳥獣駆除の問題もあり、現状と将来の見極めが難しい局面に来ていると思われる。昔の日本野鳥の会は、朝日新聞の天声人語の筆者、荒垣秀雄の提唱で千葉県新浜に渡来する渡り鳥を保護する為の「新浜を守る会」を設立した事があった。そんな政治的な関わりのある運動は今の野鳥保護活動を行う団体には見られない。

一方、日本で唯一の狩猟団体の大日本猟友会は今や会員の高齢化と若年層の敬遠による会員数の減少で狩猟人口はピーク時の三分の一になっている。従って日本国内の猟場となるような地域を買上げるような構想も資金もない。因って保護と捕獲の両立は今後の野鳥の生息数に多大な影響を及ぼすと考えられる。

私が子供の頃の昭和三十年代は、新聞によれば昔と比べると今の鳥の数は十分の一とか、昔は今の何倍もいたという話が出ていた。地元の老人もそう言っていた。私が記録を採り始めた頃と比べても何分の一かに減少したと思われる。日本人の悪い癖と言うか、動物でも植物でも金になる物を見つけると、根こそぎ採り尽くす。

その例がアホウドリであったり鰻であったり、あるいは土佐寒蘭やモクズガニ（ツガニ）であったりする。種を残して次世代に継ぐという発想に到らないのは現世の己の欲を満たす為なのか……。人間の欲と業にさいなまれるのは金品に執着心を持つ者だけと思うのだが。今や毎年、全世界で鳥類は一種以上が絶滅しているとか。朱鷺や鴻が人工増殖で成功したように鳴禽類も増殖出来たらと思う。如何せん野鳥の保護に関心のある人は極めて少ない。口は出すが金は出さない人はずっと多い。次世代に野鳥を残したい。

せめて今の私に出来る事は往年の記憶を文字に残す事である。

6　頬白

早春賦を奏でる鳴禽とは頬白である。雀大の留鳥で、平地から山地の千九百メートル付近までの広範囲に生息している。昔は一世帯一羽で飼えたが今は保護鳥で捕獲飼育は禁止である。

飛び立つ時に尾羽の両端が白く見え、チッチンと二声出すので判り易い。秋には群れになり、頬白の縄という表現もあるが今は群れも二、三羽位しか見ない。まだ氷の張る早春に雄は金属的な声で「一筆啓上仕候」と昔は鳴いていたが、平成になってから「一筆啓上」ばかりで「仕候」を省略して鳴くのが多くなった。他に「源平つつじ白つつじ」と言う聞き馴しもある。

今は保護鳥だが昔は全国各地に競鳴会があり、鳥に名前を付けて鳴かせテレビのニュースで放映していた。飼育は粟稗（あわひえ）の播餌（まきえ）より摺（煉）餌の方が長生きする。秋に捕獲して飼主と相性が良いと掌上の虫を啄む位、馴付（なつ）く。食性は植物の種が主である。昔、和田豊洲博士が私に「鳥の食性を知らんといかん」と言われたのを思い出す。食物連鎖から人間の食生活、環境について考えよ、という教えだったと思っている。

高槻（たかつき）のこずゑにありて　ほほじろの　さへずる春と　なりにけるかも　島木赤彦

この短歌でも判るように杉木立の梢や電線の上で鈴を振るように鳴く姿は、体色の地味な栗色と相まって俳画にしたいなと思うのだ。

一筆啓上仕候はチッチロチリリンチリリと聞こえる。雌はチッチンだけで囀らない。チリリを鈴振りと表現したり、胸の〝よだれかけ〟の色が濃いのを胸黒と言うが最近は見かけない。大体が人家近くの里山か河川敷の枯葦とか電線に止まっているのが見られる。営巣は里山周辺の雑木の下枝が又になっている処や茶畑の中の入り組んだ枝に作っている。従って密猟の対象になりやすい。昔、私の自宅付近の茶畑に巣仔を捜しに来ていた中年男がいた。

和漢三才図会では画眉鳥（眉を描くように眉斑が表われている）と記している。中国原産の画眉鳥が佐川にも生息しているが頰白とは全然違うし似てない。頰白の雌は体色が薄く眉斑も判然としないので即判る。

土佐ではホオジロよりショウトと呼び、私も子供の時からショウトと聞いて育った。なぜショウトと呼ぶのだろう。思うにそれはスズメの兄姉として呼ぶから、と見ている。根拠となる典籍では枕草子・第四段《三月三日は》の段に、…前略…まろうど（客人）にもあれ、御せうとの…後略とある。この場合せうととは中宮定子の御兄弟・道頼・伊周などを指す。兄人〈しょうと〉つまり女から男の兄・弟を言うのである。他には徒然草、伊勢物語、宇津保物語、更級日記などに兄人（しょうと）の記述が見受けられる。又、本草綱目啓蒙（小野蘭山）にアトリ科の鳥類をシトドと呼ぶ、と書いてある。これを漢字で書くと巫鳥、鵐となる。上代「しとと」をホオジロの異称としている。

今は鳥の表記法と分類法が昔と違い、学名表記はラテン語で変わらず英語名が主になって、昔は燕雀目アトリ科頬白と分類されていたが、今はスズメ目ホオジロ科となっている。「シトド」と言うのは本来は日本刀の鍔と鎺の間に挟む切羽の外周のヤスリ目の事である。あるいは菊の花の形をしているので菊座とも言う。図のように周囲にヤスリ目が切ってある。確かに鶸や青鵐、頬白のようにアトリ科の鳥達の目のふちはシトドのようになっている。

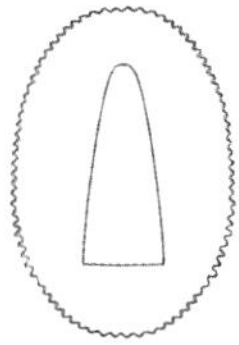

切羽

そこで「しとと」と呼ぶ地域を日本国語大辞典（小学館）で見ると群馬、長崎、岐阜、鳥取、隠岐、熊本と出ている。これに対し「しょうと」は淡路島、広島、山口、愛媛、徳島、岡山（共に一部地域）とある。呼称の発生から千有余年経た今なお連綿と言葉が生き続けるのは嬉しい事である。鳥が後世に生きてこそ言葉も生きるし鳥が滅べば死語になる。

ちなみに、昔、高知女子大学の国文学の竹村義一教授（故人）にコバンの事について手紙で質問したら折返し「その根拠となる典籍は何か？」と逆に質問されて返答に窮した事を思い出す。竹村教授の源氏物語の講義を昔、一度だけ拝聴した事がある。著書の「土佐弁さんぽ」も愛読した。出典が如何に大事であるかと思う。

「しょうと」と土佐人が呼んでいた頬白は地味で単調で動きも余りないので飼育者は県内では少なかった。でも今はないペットショップで中国産の頬白を国産の半値以下で売っていた。日本産より見劣りしたものだ。昭和末期の思い出である。

昔、記念切手の鳥シリーズで頬白が出た事があった。鳥が図柄の記念切手は広重の「月に雁」や朱雀、瑠璃懸巣など収集していたが手放して全部ない。それから本県ではタモトスズメやヤブチッチの呼称がある。が、この二つとも渡り鳥の青鵐（あおじ）の事である。冬に里山や平地の雑木林、人家近くに生息する。頬白のチッチンに似た声である。チッチッチンと三声鳴くので、頬白と区別がつく。体色は胸から腹が黄色で焦茶色の短い縦線がたくさん付いている。余り人見知りもせず近付いても人が動かなければ飛ばない。

昔、コブテやワサの餌食になった鳥である。鳥に限らず、虫やトンボ、蝶などは人に殺気があったら絶対に近付かない。殺気がなく平常心の時にトンボや蝶が頭や肩に止まった事がある。又、毎年初詣に行く讃岐の金比羅宮ではヒマワリの種を掌に載せて「シーシーシー」と鳥寄せをすると即飛んで来て、多い時は一度に五、六羽が両手に止まる事もある。こうした野生鳥獣の餌付けは、本来すべきでないと、反対意見も多い。それは猿や猪、野犬、野猫、烏、鳶に餌を与えた結果、人を襲うようになったからだが……。

ところで鳴鳥としての頬白は昔に比べると激減した。飼う人は少なかったが宅地開発や農薬汚染、密猟など様々の原因が考えられる。レイチェル・カーソン女史の「生と死の妙薬」が日本でブームになり〝沈黙の春〟が日本でささやかれた頃程ではない。

日本だけの局所的自然観でなくグローバルな視点で見ないといけない。次世代の人々にはこうした教育と啓蒙が必要ではなかろうか。

頬白の声里山に良く透り　俊平

7　山雀（やまがら）

山雀は日本独特の鳥である。平地から山地の広葉樹林帯に生息する留鳥である。里山には年中接近し、ヒマワリや麻の実を餌に餌付けして掌上に載せたり肩や手に止まらせて、テレビ、新聞のニュースに載る事がある。

私が初めて山雀の芸を見たのは昭和四十二年。高知市はりまや橋交差点の南東角に土電会館があった。屋上に小さい神社の祠があり、その拝殿の階段を両脚を揃えて上る山雀を見た。御神籤（おみくじ）を咥えて又、階段を降りて来るのを見て感動した。

山雀は賢くて学習能力が高く、コバンの天井からブラ下げた釣瓶の糸を引っ張って釣瓶の中の麻の実を咥えたり、こよりの輪の中をくぐって宙返りをしたり、小さな鐘を突いたり色々な芸をする。まさに飼鳥文化の一つである。

雌雄共に同色で、地声はシーシーシーで時にベーベーベーと鳴き、雄はチチペーチチペーを繰返す。今まで聴いた最高数は十回を超えた。だが鳴鳥としてのランクは下位にある。

立仔の時は同じコバンに何羽入れてもケンカしないが、親を何羽も入れると、どちらかが死ぬまでケンカする。この鳥は麻の実やヒマワリの種の高脂肪の餌より煉（摺）餌の方が長生きする。嘴の力が強いので硬いクルミの殻を割ったり竹ヒゴを嘴で突き破り逃げるので、金属製の縦長のコバンで上部に釣瓶用の小間を設けたのを使う。山中で合歓（ねむ）の実の莢（さや）を両脚で挟んで嘴で割っているのを見た。

繁殖期は番でいるが、雛が巣立って親仔四、五羽で自宅近くの電線に止まるのを毎年見て来た。オースチン山雀という亜種か伊豆七島にいるが見た事がない。

芸が魅力で人に馴れ易く飼い易いから昔は良く飼われた。クリーム色の顔に頭に黒のVベルト、胸から腹は赤茶褐色で尾と翼は濃いグレー、脚は太い。山雀は巣箱を利用する鳥だが、巣箱に直接手で触れると蛇が侵入している事があるので要注意。煙草のヤニとか煙でいぶすのが予防策と言われたが効果は定かではない。蛇は住宅地でも近くに山があったり、庭に草木が植えてあると必ずいる。垂直な柱でも尺取虫のように這い上るし、水上もスイスイ泳ぐのだ。だからコバンは大きな籠桶に入れておかないと朝方コバンを見れば腹のふくれた蛇が出られずにトグロを巻いている事があった。

この鳥は攻撃性が強いので囮のコバンに突っ込んで来る。コバンは地面に置くので他の囮と違う。木の枝に囮をかけても構わない。

寝る時、他の鳴鳥は止り木上で首を背中に突っ込んで寝るが、山雀は筒状巣か径五センチ余の竹筒の中で眠る。飼主と他人の区別が出来るので親密度が増す。リズミカルな動作が可愛い。他人が近付くと動き回って止り木に止まらない。自然界で松が点在するような所に多く見られる。多分昆虫が多いと思われる。

この鳥のように庶民的な飼鳥は昔、小鳥屋やペットショップで多く見られた。値段は大体、目白並で雄一羽が千三百円から千五百円だった。コバンも竹製で同じ位の値段だった。金属製のコバンは、もっと高かった。昭和時代末期の県内は今より、ずっと落ち着いてと言うか、ゆったりしして余裕があったように思う。

ちなみに飼鳥の値段の変遷を説明しよう。

昭和四十年代、目白が未だ日曜市で売られていて、飼鳥として無許可で四十七羽の目白と一羽の鶯を押収された男の写真入りの新聞記事が出た。この頃は目白一羽五百円からだった。昭和四十年代末期は八百円、五十年代は千五百円、六十年代は二千五百円前後、平成以降は三千円以上だった。その頃、県内飼鳥販売価格の最高額は駒鳥で一万円以上、鷽（うそ）、黄鶲は八千円、鶯、大瑠璃で三千五百円、例外で磯鶇に二万円の値が付いていた。他に雲雀、頬白、鶸、鶍（いすか）、鶉、斑鳩（いかる）、日雀（ひがら）の注文販売もあった。東京など大都会は県内の何倍もの値段で売られていた。

昭和五十年代末は密猟者や不法飼育者も多く、違反検挙者は毎年よく新聞に載った。令和の今、違反をすれば狩猟鳥獣以外の飼養で六ヶ月以下の懲役又は五十万円以下の罰金、捕獲は懲役一年以下、又は百万円以下の罰金となる。無許可の捕獲や飼育で、羽数が多いと更に加算されるようだ。今も時々、新聞に検挙者が載る。

平成二十四年四月一日から日本国内で狩猟鳥以外の野鳥の捕獲飼育は全面禁止されて伝統的文化とも言える飼鳥文化が消滅した。しかし山雀のような日本固有の野鳥による独特の鳥芸は後世に伝えるべく残して欲しいと私は思う。数も激減せず捕獲飼育の禁止により、むしろ増えているのではと思うのだが。

目白や鶯のように声の優劣を競い、投機の対象になるような鳥ではない山雀である。縁日や客寄せの場で見せる大道芸の延長にある釣瓶の麻の実取り、御神籤引き、輪くぐりなどは価値があると思うのだが……。

揚雲雀と言って野原に雲雀を放し、空中で鳴かせて再び籠に戻って来るのも芸であるが、囀りが目的でなく学習能力の高さをアピールする山雀の芸だから、特定の人物に特定数の山雀を仕込んで伝統文化として残す事を考えてみてはどうだろう。無論、一般の商取引は禁止の上で。山雀コバンにしても他の鳴鳥のコバンと違い特異な形をしている。特異な形と言えば鶉籠のように底には砂を入れ止り木はなく、頭を打たないように天井に網を張っ

金刀比羅宮境内で作者の掌に載る山雀

たり、雲雀籠のように三尺の天地に止り木がなく、飛切台と称する二寸の高さの心棒に径一寸五分の円盤を置いた籠もある。

飼鳥の捕獲飼育の禁止を再考してみたらと思うのだが。

その昔おみくじを引く山雀よ　　俊平

8　駒鳥

駒鳥は日本三鳴鳥又は本朝四鳴鳥の一つである。四月に中国南東部から渡来して八月中は日本国内にいる。愛媛県の県鳥である。

大瑠璃より一回り小さいが脚が長くて大きく見える。亜高山帯下部から山地に生息するので滅多に見る事はない。江戸時代の百科事典で大坂の寺島良安が正徳二年（一七一二）に出版した和漢三才図会によると林禽類に駒鳥の説明がある。東洋文庫から現代語訳の和漢三才図会が出ているので三十二年前に買って今も愛読している。解説は「駒鳥の形状は鶯に似て稍大きく、頭、背、腹、羽、尾はともに樺色、額、頬は赤色。腹部は白く嘴は細く尖り、脚は細長くて蒼色である。声は高くて清くて長く滑らかで、必加羅加羅というように、走馬が轡を鳴らすように似た鳴き方をする。頭をいつも左右に振るのもまた走馬の有様に似ている。それで駒鳥というのである。春夏によく囀る。ただ多分に脚が弱いらしく損じ易く、また寒さに弱い体質なので育ちにくい」とある。

野鳥関係の本を乱読し資料収集をしていた私が、三十代の頃、土佐民俗学会の代表者の桂井和雄氏を訪ね初めて和綴の和漢三才図会を見せて貰った。全文が和漢文であった。又、収集資料の保存活用についても色々と御教示して頂いた。

ところで昭和四十年代は石鎚山や瓶ヶ森の笹原で良く駒鳥の声を聴いたが最近は聴かない。石鎚山は、もう二十回程登ったが……。大木が消えブナ林や笹原が減少し自動車と観光客、密猟者が増えたからか。若い頃の私は、新田次郎の小説「孤高の人」の加藤文太郎のように地下足袋で、土小屋から山頂まで一時間で登った。今や二時間かかる。天気が良ければ毎朝自転車で一時間走行しているが……。

私が初めて駒鳥を見たのは昭和四十五年に東京都八王子市にある高尾山（六百メートル）に登り、山荘（民宿と飲食物、土産物の販売）の土間に並んだ鳥籠の中にいた駒鳥、他に梟、斑鳩、大瑠璃など御禁制（捕獲飼育禁止）の鳥達がいた。私が詳しく訊くので「野鳥の会ですか?」と逆に問われた。高尾山の状況については中西悟堂の定本野鳥記に詳述されてこの山荘も出てくる。

高尾山は今やミシュランの三ッ星が付く観光地になり、外国人を含め物凄い観光客で一杯だ。六年前の平成二十五年に四十三年振りに登ると登山道は完全に舗装され山頂の広場が拡大し諸施設が幾棟も建ち、富士山が間近に見え、東京スカイツリーも遠望できる。だが鳥の声は激減して目白しか聴こえなかった。正に今浦島の気分になった。昔は、高尾山薬王院の参拝客が主で私のような探鳥者は稀だった。

駒鳥は平地にいないか、というとそうでもない。渡りの時に低山を飛翔する。五十余年前に祖父が「駒鳥が来る」と言ったが、まさか我家の集落（室原）に来る筈がないと思っていた。しかし数年前の四月のある日の朝六時に裏山でヒンカラカラカラーと鳴く駒鳥の声を聴いた。更に八色鳥も日を変えて朝六時に五十メートル余の低山でホヘーホヘーと鳴くのを聴いた。別に四万十町だけに生息しているわけではない。県内各地に生息しているだろう。

駒鳥は愛媛県で八色鳥は高知県の県鳥であるが、どちらも数は減少していると思われる。私は高知県の鳥なら目白が良かったと思うが。和歌山県も目白だが飼鳥史上で鳴鳥ランキング一位の紀州だから当然かも知れない。

佐川町の鳥は翡翠（かわせみ）であるが、町内の柳瀬川や春日（かすが）川で時々見られる。五十年前もペットショップや小鳥屋の店頭に駒鳥は飾ってなかった。注文販売で他鳥を圧倒する値段だった。目白一羽千五百円、大瑠璃一羽三千円の頃に一万円以上した。今はもう見る事も買う事も出来ない幻の鳥になってしまった。

この鳥の捕獲方法は他の鳴鳥と違って、囮籠を地面に置いて石を鎚で叩いてカッツンカッツンの音を立てると駒鳥が近付くと聞いた事がある。無論、駒鳥の声が聴こえる所でなければいけない。

駒鳥は動物質の餌、つまり昆虫やミミズを食うので摺（煉）餌の下餌（魚粉）の割合が高い。さらにミルウォームを時々与えねばならない。寒さに弱いので障子戸の籠桶にコバンを入れ秋冬は毛布をかけないと落鳥する。又、脚が弱く凍傷になる。これは寒さだけでなく土佐弁で、「焼ける」と言って止まり木に南天を使うと足指や跗蹠（ふしょ）が凍傷のようになる。他の鳴鳥でも同様の症状になるので止り木に南天は厳禁であった。

体色、姿、声と三拍子揃った鳴鳥だが私の好みでない。女性に例えれば北川景子似の今風の美人より、純朴で凛々しい大和撫子が良いと思うのは私のみであるまい。目白が庶民的で良いと思う。

駒鳥は色も派手、声も高いし目立つので市井の住宅で飼育は難だろうが何処で誰かが密かに飼っているかも。鳴鳥は鷦鷯（みそさざい）や菊戴（きくいただき）、柄長など小さい方が可愛い。

川端康成の小説に「禽獣（きんじゅう）」があり、内容は四十男の一人者が柴犬や洋犬の雌ばかりを飼い駒鳥、菊戴、雲雀を女に飼わせ、自分は欲しい鳥を金に糸目を付けず買う。鳴く見込のない鳥や不要な鳥は捨てる。死んだら女に処分さす。厭人癖と薄情な性格、凝り性な点……川端康成の投影ではないかとも思わせる。「日雀（ひがら）」という短編小説が全集にある。戦前の昭和初期に信州・木曽で日雀の名鳥一羽に三十圓も大金を出すのは鳥飼いの本能というか、欲しい物は是非共、手に入れる男のエゴイズムか。戦前の作家で鳥好きと言えば「阿房列車」で知られる内田百閒（ひゃっけん）であろう。彼の随筆集の中に、一部屋すべてに鳥籠を並べ、さながら小鳥屋の如く飼育しているのを描写しているが。熱しやすく冷めやすい男は作者そのものかも知れない。

戦後の俳人では第一回飯田蛇笏（だこつ）賞になった、皆吉爽雨（みなよしそうう）が鳥好きで鷽（うそ）、小雀（こがら）、柄長（えなが）を飼育しているのが昭和四十二年の朝日新聞のインタビュー記事に写真入りで出ている。やはり犬好き、鳥好きで文筆に携わる者は男の共通項があるように思われる。

駒鳥は絶対数が減少し渡来後の日本は環境悪化で繁殖率低下だろうか。

駒鳥の鳴くや石鎚瓶ヶ森　　俊平

9
差羽（さしば）

差羽は夏鳥として三月に東南アジアから渡来する海を渡る鷹として有名である。秋十月初旬の渡りは大群であるので鳥好き、野鳥写真家、俳句、短歌の作家などに大人気である。体長は五十センチで開翼長は百センチを越える。

フォーゲルパークや公園、城址で、距離約五十メートルで腕から放し再び戻る光景は全国的に見られる。あれはハリスホークで日本に生息せず渡りもしない輸入鳥である。

三十余年前、昭和末年に佐川の昔風の店で、道路沿いの金網張りの箱の中に止り木に止まっている差羽を見つけた。店主に「これは？」と訊くと「荷稲（かいな）の山で雛を捕って来て飼いゆう」と言うので「これは保護鳥で捕られん、飼われん、手が回るぜ」と言った。而後、差羽は撤収された。もうあの店も店主も絶えた。

三月末か四月始めに里山に来てキンミィーと高い声で啼いて上空を旋回するので、ああ今年も来たよ……と思うのである。餌はミミズ、トカゲ、蛇、蛙など肉食だから田圃や小川、渓のある所に生息している。鷹本来の美とは違うというか、気品がない。大体、鷹は繁殖期以外は一羽だけで行動する。

東南アジアから日本列島に渡来する鷹は他に蜂角鷹(はちくま)がいるが四国以北で繁殖するので秋の渡りで差羽の群れに混じる。

鷹と鳶の違いは尾羽の先端が、鷹は丸く鳶はV字型であるから上空飛翔時に判る。長元坊、雀鷹(つみ)、隼は余り尾羽を広げないが、熊鷹、大鷹は扇型に全開するので見事である。

私の近所で伝書鳩を飼っているので冬季は鷹が伝書鳩を狙って毎年来る。大鷹、雀鷹、隼など。伝書鳩が数十羽の群れで鳩舎を出て上空五十メートルを何回も旋回して高度を上げていく。それを、はるか上空から鷹は狙い、鳩の隊列で遅れたのや列から外れたのを見付けると急降下して脚の爪で鳩の翼を引っ掛ける。すると鳩は落下する。そこへ鷹は舞い降り翼を広げ脚で鳩を押さえ嘴で突き殺す。死んだ鳩を両脚で摑んで飛び去る光景は何度も見た。

差羽には、このような攻撃性や飛翔速度はない。秋の南下の時は上昇気流に乗って羽ばたきもせず太平洋岸の黒潮流軸に沿って一気に何百キロも飛ぶので（飲まず食わず）、琉球列島に着く頃は木の枝に止まっている差羽が手摑み出来る程疲れているとか。

私の五十五年余の鳥との関わりで一番感動したのは差羽の渡りである。俳誌「蝶」二〇二号に簡単に書いたが、今回は詳細に書いてみよう。

平成五年十月九日（土）の午後、私は竹村脩氏や役場職員の山本氏、高新俳壇に投句していた隅田さんと共に佐川町、須崎市、土佐市に股がる虚空蔵山（約六七五メートル）に登った。車一台分の舗装道路がある。既に十人程が空を見上げていた。大口径の望遠レンズを構えたり、双眼鏡で遠くを見る人もいた。この時、日本野鳥の会高知支部長・西村公志（こうじ）氏や河川自然工法で著名な福留脩文氏（故人）もいた。他に西日本科学技術研究所の人達が何人かいた。

今はないが丸太柱に厚板の床を張った屋根なしの展望台を梯子で登り、石鎚山方面（北）土佐市、高知市方面（東）室戸岬方面（南東）須崎港（南）鳥形山、葉山方面（西）が良く見えた。午後一時過ぎに土佐市の方から、高度五百メートル余の所で約三百羽の差羽の群れが来るのが見えた。やがて差羽の一群は、虚空蔵山の山頂近くで旋回を始めた。虚空蔵山の山頂付近は何の障害物もない。この中には蜂角鷹（はちくま）もいた。飛翔中は数字の3を横にした形なので即判る。旋回した差羽は段々渦巻状になり離れた所から見ると下部から上部に広がり、竜巻状かラッパ状か、そういう形になる。これが鷹柱である。

一群約三百羽が渦を巻き、上昇気流が来ると一羽ずつ羽ばたきもせず、南西方向にベルトコンベアーに乗ったように飛んで行く。羽の縞模様も、はっきり見える高さで五十メートル余か。差羽と差羽の間隔は五メートルか十数メートル位しかない。頭上をゆっくり飛んで行く。真上なので下から仰ぎ見ると首が痛い。山頂の岩場に寝そべって上を見る方が楽だった。他の皆も山頂の岩場に腰かけたり展望台で手摺にもたれて見たり色々である。一群去って又一群、次から次へ又、差羽が来る。ここへ来る差羽は遠く東北地方から、太平洋岸を経由して来る。俳聖〝芭蕉翁〟も差羽の渡りを見て、「鷹ひとつ見付けてうれし伊良古崎（いらこざき）」がある。紀伊半島潮岬を通り、五台山、鴻ノ森上空を通過、虚空蔵山上空、足摺岬、佐多岬、枕崎の上空を経て琉球列島を通り東南アジアへ帰るのだ。普段、鳥を数える時は鳥の姿を瞬時に記憶し後で数える。

鷹柱が立つと渦巻状の下部から上部までの滞空時間が長いので計数は充分出来る。一群三百羽内外、これが五群も立ったから合計羽数は千五百羽余。秋晴れで強風が上昇気流となり気象条件は最上。雨天や風のない日は、絶対飛ばない。こうして一時頃から約二時間余か、素晴しい差羽の渡りを見る事が出来た。

感動の余り当時の渡邊勉佐川町長にハガキで情景描写して報告したのを思い出す。

その後、山頂にはＮＨＫやＮＴＴの通信用アンテナが林立し、二十六年前に大瑠璃と黄鶲と目白が臭木（くさぎ）の実を食べていた所に通信施設が完成以後、鳥は全然来なくなった。アンテナは今十三建ち電磁波の影響か鷹類は、まったく見なくなった。平成五年の差羽の渡り程の大群は、もう見る事はない。

更に最近は土佐湾沖を潜行する中国海軍の潜水艦を監視する為にレーダーを、海上自衛隊が設置しているとかの噂もある。

この鷹柱と渡りの感動を短歌に詠み高新文芸十月の月間賞三席を得た。

楠瀬兵五郎 選

鷹柱立ちて三百余羽の差羽虚空蔵山上を南に渡る

平成五年十月二十七日・高新文芸歌壇

10 小綬鶏（こじゅけい）

この鳥は留鳥で狩猟鳥である。狩猟免許があれば捕っても飼っても構わない。地鶏より小さく鶉より大きい。猟鳥として食味は雉科なので淡白である。砂糖醤油で照焼にするか、肉質は歯ごたえがある。

中国原産の鳥で華南からの輸入鳥である。大正八年に東京市赤坂区青山高樹町の岩崎俊弥邸で放鳥され子孫が今は全国で生息している。なぜ放鳥したかと言えば、食用として輸入し巣引繁殖を試みたが上手くいかなかったので放鳥したとか、中西悟堂の定本野鳥記（春秋社）に出ている。

私の少年時代はたくさんおり、群れも五、六羽いて驚くと一斉に四方八方に飛び翔った。銃猟では一番先に目に入ったのを狙わないと失中する。鳴き声はピッチョホイピッチョホイを繰返す。野鳥ガイドブックにはチョットコイチョットコイと鳴く、と書いてあるが私にはそうは聞こえない。昔、土佐弁で卑猥な表現の〇〇〇ピー〇〇〇ピーと鳴く、と言う人もいた。歩く姿は頬が赤茶色で背翼の縞模様が目立つ鳥だ。少年の頃、香具師で狩猟が趣味の中年男が地犬を連れて謝罪に来た。私が飼っていた地鶏（五、六羽いた）を猟犬が咬み殺したので。玄関で祖母が「かまん、かまん、えいえい」と言っていたが飼主の私は面白くなかった。

昭和三十年代は猟期も十一月一日から翌年の三月十五日まであったのが昭和三十九年の狩猟法大改正により、二月十五日までと一ヶ月短縮された。今は更に短くなり十一月十五日の解禁となった。

この鳥の変わっているのは蹴爪の有無によらず雌雄共にピッチョホイピッチョホイと鳴く。雨が降る二、三日前に特に良く鳴く。国産の雉と違い群れでいる時に鳴く。

戦前の朝日新聞社カメラマンの堀内讃位の「鳥と猟」（講談社）に捕獲方法が出ているが戦時中の食糧難の解消にと捕獲方法と調理方法が詳述されている。小綬鶏は銃猟とカスミ網猟が出ている。今は御法度だが昔はワサ（馬の尻毛（尾）やナイロン黒糸を竹ヒゴを曲げた物）に付け、米や麦、豆、黍を餌に畑や山際に仕掛けて捕られていた。

ワサ

大体、鳩や鶫、青鵐などは首を括って死んでいるが、小綬鶏は脚を引っ掛けて生きていた。その昔、昭和三十年代末に一羽七十円で食料品店の軒先にブラ下がっていた。

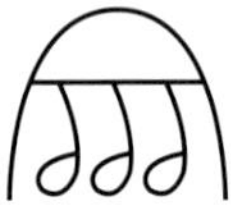

昭和五十年代に歳上の親戚と佐川の古城山へ登り帰途、山道で小綬鶏の親仔がいて雛一羽を捕えた。家に帰り箱に入れていたが翌朝死んでいた。六月頃だったので暑くも寒くもなかったが……。

私は少年時代に五、六羽の地鶏と、白色レグホンを金属ケージで十羽程飼育していた。白色レグホンは農協へ予約注文していて初生雛一羽百円だった。愛知県産の後藤のヒヨコだったのを覚えている。小型の木箱に刻みワラを入れ十ワットの豆電球を点灯、夜間毛布をかぶせて成鶏になるまで手厚く世話をした。

佐川の三宮書店（今はない）で養鶏経済という専門誌を毎月購読した。雌雄の判別は、日本人の指先の器用さを活用した「指頭鑑別」や「白痢（はくり）」という卵に血が混じる病気とか、色々の記事があった。高知県内でもゴールデンネックという新種の予約販売の広告もあったが。年間を通じて飼育日誌を書いていたので、一年間の平均産卵個数は二百二十五卵で、一個当り五十三グラム余であったのを覚えている。卵の中に黄身が二個あるのも時々あった。全部金属ケージなので給餌、採卵、掃除は便利だった。夏の避暑、冬の防寒、換羽時の産卵なしと手間はかかったが面白かった。

昔は鶉鶏目という分類であったが、今は小綬鶏はキジ目キジ科コジュケイとなっている。私は捕獲した小綬鶏を丸太柱に金網を張りトタン屋根の禽舎を大工に頼んで造って貰ったので飼育していた。この禽舎内で雌雄の小綬鶏を飼っていた。驚くと天井近く飛び立ち、低いと頭を打つので高さ六尺（一・八メートル）にしたのだ。

鶏や地鶏、鶉と餌が一緒で、日当りが良い日は砂浴びをしていた。声が高く二百メートル離れても聴こえる程だった。繁殖期になると羽色が艶を増し声も一段と高くなった。大体私は飽き易く移り気なので何年か飼育して放鳥した。昔は、鶏や地鶏を飼っていた家では、卵を産まなくなると包丁で首をチョン切って鳥料理を作って食べていた。内臓を取り出すと卵が機関銃の弾帯のように列をなしていたのが目に浮かぶ。この鳥は人家近くの里山にいるので山道に入れば人の足音に驚きパーと飛び翔つのでパー公とも言うらしい。

小綬鶏は英語名はバンブー・パートリッジと出ているので竹藪にいる鶏の仲間と見られていたのか。日本に帰化鳥として約百年経っているので多くの人は昔から日本にいる鳥と思うようだ。だからテレビや映画の時代劇で、ピッチョホイピッチョホイの声が聴こえるのは如何なものか……。

私がいつも思うのは、大日本猟友会や、都府県は狩猟鳥の放鳥に何故、雉だけを使うのか。段々と放鳥数は減っているが。雉は生産地や飼育方法により個体差が生じ、同じ都府県産で交配を繰返すと劣勢遺伝で増殖は難しい。又、屋根付禽舎で飼育していると適応能力が充分に発達せず、野犬、野猫、狸、白鼻心（はくびしん）などに襲われたり採餌不足で衰弱死するのが多い。昔、静岡県で小綬鶏を飼育し養殖販売している人がいて問合せた事があった。雉に替る猟鳥なら小綬鶏か山鳥が良いと私は思うのだが……。小綬鶏なら繁殖力も強く野外では襲われても木に止まり雉より俊敏な動きをすると思うが。昔、生姜畑のある所に小綬鶏は生息しない事があった。消毒薬のペレット（固形の）を誤って食し死ぬ為。動物園でも飼育して繁殖を試みてはどうだろう。

小綬鶏の声良く透り雨近し　　俊平

11　河原鶸(かわらひわ)

鶸といっても、真鶸(まひわ)、小河原鶸(こかわらひわ)、大河原鶸(おおかわらひわ)がいる。本県で良く見られるのは小河原鶸である。昔からこの鳥は保護鳥だったが、本県東部の物部川以東では冬になると、無双網やカスミ網で囮を使い、焼鳥用に大量に捕獲されていた。声が良いのは囮用に使われた。年中生息する留鳥だが捕獲飼育は禁止だ。

雀大の大きさで飛ぶと翼帯が黄色に見え、キリリコロロビィーと鳴くのですぐ判る。嘴が文鳥のように太く、眼の周囲が、日本刀の鍔(つば)と鎺(はばき)の間に挟(はさ)む切羽(せっぱ)のようになっている。アトリ科の鳥は皆同様である。この鳥は里山の周辺に生息し、山地では見ない。秋に十羽から百羽以上の群れになり春先まで、田畑で見られる。秋になると大群で電線に止まるのだ。

昔、自宅前の室原の美田四十町歩に建っていた高圧線の電線に百八十羽並んで止まっていたのを思い出す。今は高圧線は撤去されて鶸はもう来ない。今では斗賀野の伏尾(ふしょう)の田の電線にやはり百八十羽程が鶫の群れと共に止まっているが、いる年といない年がある。

　小河原鶸は留鳥だが大河原鶸は渡り鳥で秋期に北方から大群で飛来する。昔、芸東の知人に大河原鶸を一羽貰い、竹のコバンで飼っていたら太い嘴で竹ヒゴを噛り、もう少しで逃げられる処だった。小河原鶸は、それ程嘴が強くないので竹コバンに入れても大丈夫だったが。餌はアトリ科の鳥と同じ、粟、稗、ミルウォームが一般的だが、煉(ねり)（摺）餌(えさ)で飼う方が長生きする。

　この鳥は聴き鳥でなく観鳥(みどり)なので、羽の黄斑とオリーブ色、キリコロロビィーの鳴き声と大人しい姿が魅力なのだ。飼鳥としては、文鳥と似たり寄ったりという処か。目白、鶯、大瑠璃、駒鳥、黄鶲といった見て良し、聴いて良しの鳴鳥とは違う。だから和鳥飼育の経験のある人なら大体が見飽きるだろう。

　県内の飼育者の多くは囮として飼い、焼鳥用に秋冬に使用していたと思われる。この鳥は絵画や写真、あるいは短歌、俳句に詠まれることは極めて少ない。戦前の山谷春潮(やまやしゅんちょう)の野鳥歳時記でも、小河原鶸の句はなく河原鶸の句のみである。俳句歳時記では春に入っている。特に早春、正月にはキリリコロロビィーと繰返し鳴いている。営巣も早く四月早々に産卵して雛が生まれ五月には巣立つ。

　里山の植林の若木や雑木の枝の股になった処に巣を造っている。飼鳥として一羽で見るのはそれ程美しいと思わない。しかし群れの十羽、二十羽あるいは百羽を越す大群が、陽光を浴び飛びながら両翼の黄斑が透けて見え、キリリコロロビィーの大合唱を聴くと春そのものである。アトリ科の鳥で他に合唱するのは斑鳩（いかる）や鵐（しめ）がいる。小河原鶸の捕獲方法は鳥黐ではなく無双網又はカスミ網であった。

何故なら他の鳥は単独行動が多いのに、鶸の類は群れで行動するのだ。今はカスミ網は禁止で、鴨用の谷切網（やつきりあみ）などが許可されているが小鳥用の網は禁止だ。

昔は焼鳥用に鶫、鴨、鶸類をカスミ網で捕獲して検挙され捕獲した鳥の写真とかが記事と共に良く新聞に出ていた。

鳥というものは、見て聴いて捕って飼って、食ってみないと判らない。鳥の研究は五十年や百年では出来ない。植物学同様に終りがない。今の時代、私より年下の世代は、もうこういう体験は皆無であろう。私は良き時代に生まれて稀有な体験をした世代の語り部であろうか……。

その昔、かの『セルボーンの博物誌』を翻訳した西谷退三（竹村源兵衛）の一銭五厘のハガキが祖父、修三に来ていたのを見た事があった。祖父より年上の西谷退三は、佐川と斗賀野の境にある猿丸峠の山頂に別荘（？）を建てブラインドを造って野鳥観察をしていたという話を昔聴いた事がある。西谷退三が収集していたという日本画（紙本）の掛軸を、貰ったという人に見せてもらった事がある。尉鶲とか〝葡萄と栗鼠〟の絵だった。作者は佐川町出身の水野蕪青だったのを思い出す。

牧野富太郎博士も西谷退三も佐川を代表する商家の子息でありながら全財産を自己の研究に費やして歴史に名を残した。……多くの犠牲を払って……。イギリスのウォルトンの釣魚大全は釣世界のバイブルである。牧野博士の牧野日本植物図鑑も植物学のバイブルであろう。

日本の鳥に関してその教育と啓蒙に当り、法律によって鳥と人との関わりを峻別化したのは中西悟堂であろう。明治以降は山階、鷹司、黒田、清棲といった旧皇族や旧華族が専門的な調査研究を行った功績は大きいと思われる。一般人では、写真、絵画、工芸でも余り話題に上るような顕著な作品は少ない。

美術工芸で鳥は陶芸では尾形乾山の雉子香炉、絵画では狩野派の鷹図、鶴図、あるいは動植綵絵の伊藤若冲、應挙、金工では正阿弥勝義などが挙げられるであろう。土佐でも絵画は近代に佐川出身で帝室技芸員（今の人間国宝に当る）になった廣瀬東畝がいる。花鳥画に秀で皇室で買上になった作品もある。その昔東京市上野櫻木町三十四番地で多くの鳥に囲まれて暮らし写生していたと聞いている。私の祖母の妹が、東畝（済）の甥に嫁した関係で、家に「月に雁」の横額がある。土佐の近代で鳥を描く絵師では明治以降は沢谷五台、南部錦溪が有名だ。佐川町黒岩出身の中内東秀は東畝の弟子だが、師の落款を偽作したとの風評がある。

ところで鳥は世界に八千種以上いるようだが、毎年一種以上が絶滅しているとか。人間は僅々百年余の人生に於て何を残し得るのか。多くの人々は墓石に往年の記録を刻み生きて証とするであろう。最近は墓石にこだわらない自然葬で、人も呼ばない家族だけの葬儀が増えている。悠久の輪廻に、大海の一粒の砂のような人生、そう考えると空しい。

12
雲雀（ひばり）

春の到来を告げる鳥として鶯と並び賞されるヒバリは雲雀、告天子などと呼ばれる。留鳥ではあるが主に早春から初夏に眼にする。高知県では物部川以東に多い。日本全国では愛知県濃尾平野か香川県讃岐平野に多く見られる。捕獲飼育禁止の鳴鳥である。

その声はピーチュクチーチーチュルリチュルと鳴くのを「日一歩日一歩利取る利取る月二朱月二朱」と聴き馴（な）す。

雀より一回り大きく尾が長めで足指の後の爪が長い。五十メートル以上の空でホバリングしながら鳴き続ける。古歌の詠人不知（よみひとしらず）に〝汝（な）れや知る都は野辺（のべ）の夕雲雀揚がるを見ては落つる涙ぞ〟は五百五十年余り前の応仁の乱で京の都が焼野原になった空で鳴く雲雀を詠んだ歌で名高い。日本の野鳥で雲雀のように長鳴きするのは三十三才（みそさざい）、目白、大瑠璃、黄鶲（きびたき）、日雀（ひがら）がいる。

雲雀は麦畑、河原、草地で営巣して抱卵時は、巣から離れた所から飛び立ち、別の所に着地するので知られている。昔は燕同様に生息数も多かったが宅地開発や環境の変化で激減した。

その昔、江戸時代は佐川領主・深尾公の愛鷹〝白斑（はくふ）の鷹〟が有名で室原の鷺ノ巣（さぎす）に、餌差（えさし）と称する鷹の世話係がいたことが「御徒目付（おかちめつけ）日記」の嘉永の項に見られる。つまり鷹の餌に雲雀を捕っていたと思われる。鳥刺しと言う専門の捕獲人もいたが雲雀などは囮を使い張網で捕っていたと思われる。大正三年に高知県最初の耕地整理が室原で完成した。面積約四十町歩で用水路排水路に農道も付いた美田である。その記念碑（室原の横倉神社の登り口にある）に室原の田は「水鴨遊泳ノ湿田化シテ雲雀巣楼ノ乾田トナリ」とある。百年前の事である。今から四、五十年前は高知県東部の南国市から安芸郡にかけて雲雀は良く鳴いていて飼育者も多かった。高知市から西は余り見なかった。

雲雀用の鳥籠は、直径一尺、高さ四尺余の円筒形の竹コバンで止り木がない。飛切台と称する円形の板が、高さ二寸余の棒に載っている。籠盆（底部）は砂が敷いてある。この飛切台に上って飛翔してホバリングしながら鳴くのだ。四十五、六年前に安芸市の国道沿いの商店の軒先に雲雀のコバンが吊下げられて雲雀が長々と鳴いているのを見た事であった。

台湾やタイで見た鳥籠は皆、雲雀籠のように円筒形であった。日本のコバンのように細い竹ヒゴの長方形のコバンは見なかった。

もう三十年以上前、昭和末期の話だ。中国でも日本でも野原でコバンから雲雀を放し空中で鳴かせて又（また）コバンに戻って来て優劣を競う揚雲雀という競技が昔はあったが……。今も何処かの国でやっているかな？

日本はとうに捕獲飼育が禁止になり飼鳥による風流を楽しむという文化が消えたのは残念である。フォスターの曲に〽おお雲雀高く舞い――があるが、佐川近辺で聴けるのは、斗賀野（とかの）駅から佐川駅方向の線路沿いの田の上、柳瀬から立野にかけての田の上、越知町の今成川周辺、少し足を伸ばせば伊野の八田堰手前の河原、須崎市のマルナカとケーズデンキの間の草地の上空、土佐市新居の仁淀川河口の緑地公園から見た田の上、南国市日章の空港周辺、あるいは高速道で香川県豊浜のサービスエリアパーキングの北側展望台の眼下の田の上などである。

この鳥は短歌、俳句の題材にしやすい。

飼鳥としては声が秀逸だが姿が地味なので、ランクは、さ程高くない。従って小鳥屋では注文販売で普段は店に置いてなかった。

もう五十年程前、ＮＨＫの日曜の昼に宮田輝が司会の「のど自慢コンクール」があった。テレビを見ていると六、七十代と思える老人が出て来た。スーツ姿で。マイクの前で雲雀の声を真似た。強弱を付けて流れるように素晴しいもので姿を見ずに聴いておれば本物の雲雀と思う程だった。勿論キンコンカンコン合格。

このテレビを見てから私も鳥声模写に挑戦。そして大瑠璃や鶯、目白、三光鳥、日雀、山雀などが出来るようになった。六十代になると歯も手を加えたり、舌の筋肉も弱って来て、今はもう出来ない。

子供の頃、近所の年長者が冬に「ヒバリを捕る」と言ってワサ（竹ヒゴを半円形に曲げて糸で横に結び、その下に馬の尻毛で輪を作り三個内外ブラ下げて餌にワレ米や古米(こまい)を使った。それを田畑に幾つも仕掛けていた。

ヒバリと言っていたが今考えると田雲雀ではなかったろうか？　冬鳥として十月から四月までいるが、もう遠い日の事で判らない。

戦後日本の昭和を代表する歌手・美空ひばり（本名・加藤和枝）に使われる程、美声の鳴鳥である。

私が子供の頃は稲の裏作に麦を栽培していた農家が多かったので、県内では至る所に雲雀が生息していたと思われる。この鳥の餌は播餌や虫だが摺（煉）餌にした方が長生きする。飼うにはコバンが大きいので、蛇の来ない部屋に置くか、猫やネズミに襲われないように注意が必要だったが、もう捕りも飼いも出来ない御時世となってしまった。

この鳥の聴き馴しの「日一歩日一歩利取る利取る月二朱月二朱」は古銭の研究が趣味の私でも意味が判らない。日一歩は十日で一割、十一の超高利になる。いくら借りて金利は如何程？

ちなみに江戸時代は通貨は四進法である。一両は四分、一分は四朱、一朱は二百五十文である。つまり一両は四分又は十六朱である。寛永通寳は一文、四文、などがあるが一両は四千文（一貫文）である。従ってテレビの時代劇で銭形平次が投げる一文銭は四千枚ないと一両にならない。もっとも江戸時代は米相場で貨幣価値が変動するので一両も定額ではない。江戸は金本位制、大坂は銀本位制で豆板銀や丁銀の秤量貨幣が多用された。今はこうした古銭の相場は下げ止りである。

蒼天に羽震はせて雲雀鳴く　　俊平

13　三光鳥

三光鳥は夏鳥として東南アジアから渡来する。土佐弁で三光鳥をオナガドリと呼んでいた。天然記念物の長尾鶏ではない。四月から七月頃までしか眼にする事はない。八月は多くの鳥類は換羽期になり姿も声も見聞する機会は少なくなる。

俳句の季語になっている「羽抜鶏」は鶏そのものである。洋鳥、和鳥を問わず飼鳥では鶏ほど羽毛が抜けることはない。三光鳥は目白大の体形で頭の頂き羽毛が逆立って冠羽のようになる。この鳥は背中と尾羽が瑠璃色で、胸から腹が白く大瑠璃を連想する色合いだ。眼の周囲は目白のように純白でない。青味を帯びた白である。尾が長いから山雀コバンか雲雀コバンのような縦長のコバンでないと尾羽が擦り切れる。もっとも捕獲飼育禁止の保護鳥なので幻の珍鳥と言うべきか……。南方系の鳥は色彩豊かで目立つ。

鳴き方が「ツキヒホシホイホイ」と聴こえる。即ち月日星と三光に鳴くので三光鳥と呼ぶ。春四月に渡来し、里山の細い幹の木の股になった処に円錐状の長い巣を造る。人が近くにいても余り怖(お)じない。

もう数十年前、昭和末期、裏山の渓の水が流れていた時（今は枯渇して水はない）その近くの藤蔓の枝分かれというか分岐した処に巣があったのを覚えている。この鳥は小綬鶏と同様に雌雄共に鳴く。雌は羽色が焦茶色というか黒っぽく地味で尾羽は短い。瑠璃色の羽色はなく眼の周りの青味を帯びた色も明瞭ではない。

今は昔、五月に目白の立仔（たちこ）（当年付で人間でいうと、童貞、処女）を捕りに行くと、その周囲でツキヒホシホイホイと鳴く三光鳥に何度も出くわした。大瑠璃に似た節であるが、ジェッジェッがないし句囀（ぐぜ）りもないので、違いは誰でも判る。私も若い頃は鳥寄せが出来たので、大瑠璃同様に近くまで寄せた。庭にも一度近付いた事があった。

この鳥を眼近で見たのは四十七、八年前か。御城下の〝鳥飼いの翁〟の小鳥屋であった。尾が長く一尺余りあるので金属製の山雀コバンに入れていた。餌は鶯や大瑠璃と同じ下餌（魚粉）が多く米糠を混ぜた物だった。三光鳥は山で見ると大きく見えるが、眼近で見ると、体は目白と同じ大きさだった。売物で店に置いてあったが次に行った時は売れたのか、もう店にいなかった。何しろ当時、鳥飼いの翁の店に行くと色々な種類の野鳥が並び、葭切（よしきり）の巣仔（巣の中にいる雛）が六羽、巣の中で黄色い嘴をあけて餌をねだっていたのを思い出す。

日本の留鳥ではスズメ目で三光鳥のような、派手な体色と朗らかな声、長い尾の野鳥はいない。だから珍鳥に違いない。三光鳥を詠んだ俳句は角川書店の俳句歳時記や山谷（やまや）春（しゅん）

潮の野鳥歳時記に若干出ているが、実際に三光鳥を見た人でないと作句は難しいと思われる。鶯のように声だけ聴いて姿を見ずに俳句には出来ない。

南方系の野鳥は、日本の冬の寒さに耐えるのが困難だから、余程の物好きでないと三光鳥は飼育しなかったと思われる。三光鳥の声に似た鳥といえば斑鳩がいる。秋に北方から渡って来て雀より大きく鵯より小さいアトリ科の鳥だ。黄色い嘴が文鳥のようで大きい。土佐弁で「豆回し」と言う所もある。この鳥は、キーコーキーと鳴くが、これを月日星に当てて、三光鳥と呼ぶ人もいようが、ホイホイが斑鳩にはない。従って斑鳩は三光鳥でない。

ちなみに飼鳥用に野鳥を捕獲するのは、日本では千年以上前からあるのだ。仁徳天皇の御代、朝鮮半島より鷹狩りが伝来していたとか。古墳より出土した埴輪に、腕に鷹を止まられた人物像がある事から伺える。

あるいは百舌を仕込んで小鳥を捕獲していたとか。鳴鳥を飼鳥として愛玩していた事が証明されるのは、清少納言の枕草子の「鳥はことどころのものなれど鸚鵡いとあはれなり人の言ふらむことを真似ぶらむよ……」がある。平安貴族も飼鳥を楽しんでいた事が判る随筆である。当時、貴族は多分、鳥飼姓の者達に鳥の斡旋、捕獲、飼育を委託していたのではなかろうか。

江戸時代は鳥刺(とりさ)し、餌差(えさし)といった鳥類の捕獲飼育の専門の職業があった事が知られている。昔、須崎の知人（大正三年生・故人）から聞いた話では、竹竿の先に鳥黐(とりもち)を付けて小鳥猟をする人を見た事がある、と言っていた。大正末期か、昭和初期の事かな。竹竿は細く固く、しなる事がない物を使わないと、なかなか小鳥に近付けるのは難しいと思われる。

〝鳥飼いの翁〟は多分、囮に使っていた目白か大瑠璃か黄鶲かの近くにカスミ網を張って、三光鳥を捕えたと思われる。何故なら鳥黐を使うと必ず長い尾羽が、ひっついて尾羽が抜ける。すると三光鳥は売物にならない。

鳥飼いの翁は、山で捕ったばかりの新鳥(あらとり)を餌付けるのが上手だった。小鳥屋なら当然だが。播餌鳥は粟、稗などやって餌付くと徐々に摺餌に換えていた。下餌の強い、鶯、大瑠璃、山雀などは摺餌の上にミルウォームを載せるか、餌の水分を多くして砂糖を振掛けるか、それでも餌付かないと割餌といって割箸の先をヘラ状にした物で嘴をこじ開けて摺餌を塗ったり食わせたりしていた。また、山雀などは止り木に摺餌を塗ったりして餌付けていた。群れる鳴鳥は、新鳥を囮のコバンと並べて風呂敷をかけ静かにして置くと大体が餌付く。

このような世話のやける和鳥の飼育は、ほとんど男性で老若を問わないが、女性で和鳥を飼育していた人は滅多にいなかった。小鳥屋の女将は別として。それこそ五十年余前に、佐川町尾川（旧尾川村）の奥の知人が「大瑠璃の巣を見つけたら、知り合いの婆さんが一羽三百円で売って！　ゆうて来たけんど……」という話を思い出した。

〝鳥飼いの翁〟の飼育方法は書店にあった「和鳥の飼い方」や「小鳥の飼い方」と同様であった。だが単独で行動する鳴鳥は飼主と縁がないとコバンの入口から餌猪口を入れる時に逃げるか、絶食して死ぬ。三光鳥は、どうやって餌付けたか聞かなかった。

14
鷺（さぎ）

土佐で見られる鷺科の鳥は、溝五位（みぞごい）、葦五位（よしごい）、笹五位（ささごい）、亜麻鷺（あまさぎ）、大鷺（だいさぎ）、中鷺（ちゅうさぎ）、小鷺（こさぎ）、黒鷺、蒼鷺（あおさぎ）などがいる。この内、溝五位、葦五位、笹五位、亜麻鷺は夏鳥として渡来する。他の鷺は留鳥で年中いる。

五位の和名は、そのかみの宮中で帝が大臣達（おとど）と会議の最中に現われた事による。帝は鷺に「動かずに枝に止まるように」と仰せられ鷺は仰せに従い捕えられた。是に因って五位の位が与えられ五位鷺になったとの故事がある。天皇に御目通り出来るのは五位の位からである。また溝五位は昭和四十一年頃に佐川町古畑の知人宅の庭木に営巣しているとの事で自転車で一時間かかって見に行った。

抱卵中の溝五位は巣から立ち上がって翼を広げて威嚇していたのを思い出す。古畑は柳瀬川の上流部である。更に奥地の峰地区は、その昔サンショウウオがいたと私の祖母が言っていた。今でも時々、猿が柑橘類を食いに秋から冬に出現するので私も見に行った。すると畑の太い大根を何本か噛ってあるのを確認した。姿は見なかったが……。

初夏から盛夏に県内の青田に現われる亜麻鷺は〽亜麻色の長い髪を風がやさしく包む――ビィレッジ・シンガーズの歌が思い出される。この鷺は頭から首にかけて、そして背中が亜麻色だから遠目でも即判る。数羽から二十羽程の群れは佐川でも時々見られる。首も脚も短いが亜麻色の羽が風になびくと、乙女のうなじにかかる黒髪が目に浮かぶ。

大鷺、中鷺、小鷺は、いわゆる白サギである。大鷺が一番大きく体長九十センチ、開翼長百三十センチになる。中鷺は体長七十センチ、開翼長百十四センチ、小鷺は体長六十一センチ、開翼長九十八センチである。大鷺は脚、嘴が黒色で冬は黄色になる。中鷺は嘴が繁殖期は黒いが秋冬は黄色になり先が黒い。小鷺は足指が黄色い。体形と嘴や脚の色で白サギの区別はつくだろう。

蒼鷺は昔は数が少なく佐川では見かけなかったが平成になってから数が増えた。須崎の野見湾で養殖魚の餌にイワシを使っていたのを止め、配合飼料のペレットに変えた。食いはぐれた蒼鷺は佐川まで遠征して定住するようになったらしい。

今や蒼鷺は佐川では荷稲（かいな）の諏訪（すわ）神社の裏山や馬ノ原から黒岩に抜けるトンネルの北側の山中で毎年、営巣している。この鷺が増えると水田の稲を踏み荒し、放流した鮎を食うので有害鳥に指定されている。仁淀川漁協は四月から六月の三ヶ月間、駆除期間を定め仁淀川漁協組合員に駆除を奨励している。佐川町も前年の狩猟免許保持者で駆除隊（猟友会の）加入者に限り、猟期外の駆除を認めている。四月一日から翌年三月三十一日までで、一年更新である。

昔、私は蒼鷺の剥製を業者に頼み、完成品を佐川小学校に寄付した。台木は昭和五十年八月十七日の台風五号で由留岐（ゆるぎ）橋が流失し、柳瀬川堤防が決壊した後、流木を拾い磨いてニスを塗ったのだが。あれから四十年余、今もあるかな？

蒼鷺は大食漢で鮎を一度に十五、六匹も飲み込むとか。川鵜より大喰いである。鵜飼で使う鵜は海鵜であるから海のない佐川にはいない。冬期に渡って来るから留鳥ではない。

葦五位や笹五位は県内にいるものの夏鳥であり渡来数も少ない。従って佐川では見た事がない。五位鷺は佐川にもいるが最近は余り見ない。この鳥は夜間飛行が好きで、夜が更けてギャーと、驚く程、高い声で鳴きながら飛ぶ。昔は人に「あの鳥は何、びっくりした」と良く尋ねられたものだ。

鷺類の食性は動物質で、蛙、ミミズ、小魚、ドジョウ、鮎、金魚などを食す。池や水槽、鉢で金魚を飼う時は必ずネットを張るかテグスを張りめぐらさないと上方から遠目が効くので即食われる。私は土佐金や琉金を改良したコメットとかを飼っているので、二尺鉢には、バーベキュー用の金網をかぶせている。もっとも三匹いる柴犬（血統書付）の一匹は、二尺鉢の近くにいるので鷺の襲来はないと確信している。

鳥は遠目は効くが、鳥目で色盲だ、と言う俗信があったが今はそんな事は誰も信じない。なぜなら夜も時鳥（ほととぎす）や夜鷹（よたか）、梟は徘徊し、鴉や五位鷺も飛ぶ。かの唐の張継の楓橋夜泊（ふうきょうやはく）の七言絶句も月落烏啼霜満天（つきおちからすないてしもてんにみつ）とあるではないか。

鳥はハンターのオレンジ色のキャップとベストの色が、他の服の色と違う事が識別できる。遠目で鍬と猟銃の区別がつく。ピラカンサス、南天、柿、八ツ手の実、桜桃の実の色で熟れ具合が判る。従って色盲ではない。

ところで白鷺の日本一の繁殖地として有名だったのは埼玉県野田市の野田の鷺山であった。昭和四十年頃までは毎年繁殖して、その数は数千、数万羽とまで言われていたが、糞による樹木の枯死や悪臭、周辺の田畑の宅地化による人口と自動車の増加、ギャーギャーと鳴きわめく鳥達の騒音と様々の問題が生じた。生息地の武蔵野を象徴する屋敷林のケヤキの大木や里山の木々が伐採された。営巣地を奪われた白鷺は次々と鷺山を去って行った。

昭和四十三年に、埼玉に行った時はもう、鷺山も鷺の姿もなかった。駅舎に往年の鷺の大群の写真パネルが掲示されていたのを覚えている。昭和三十年代は水鳥の有機水銀中毒死が続発し、四大公害が大問題になっていた。

江戸時代の歴代将軍は日光東照宮を参詣の折白鷺の大群を眺めながら行った由、領民に対し鷺対策の役職を与え保護費を出していたとか。この詳細は中西悟堂の定本野鳥記（春秋社）に出ている。

今は地球温暖化で北方からの渡り鳥の渡来日が五十年前より二ヶ月程遅くなっている。そして滞在期間も一ヶ月程短くなった。鷺類は本来、冬期は見ない鳥であるが今は小鷺は年中いる。地球上に氷河期が来ない限り、北極と南極の氷が溶けて水位が上がり南太平洋の島々は水没するのではなかろうか。駆除される蒼鷺は繁殖力が強く環境適応力があるので生き延びるであろう。

蒼鷺や鎮守の杜（もり）に巣を造る　　俊平

15　鳩

鳩は速鳥（ハヤトリ）が訛ってハトになったとする説がある。直線飛翔なら時速七十キロ位だろうか？　鷹に追われて逃げるので、それ位の速度だろう。鳩は鷹の爪で翼を引っ掛けられるので風切羽や尾羽は抜けやすい。

土佐の鳩で年中いて見られるのは雉鳩、俗に言う山鳩である。昔、鳥シリーズの十円切手の図柄になった。二月から九月に何回か産卵、育雛をする。卵は必ず二個産む。

この雉鳩を番（つがい）で金属ケージで飼育していたら三月三日に一個産卵したので除去した。すると一週間後、又一個産卵した。これを除去した。こうした繰り返しで十月末日までに合計二十九個産卵した。太陽に透かして見たが、ほとんど無精卵で、受精卵らしき物は一個しかなかった。禽舎であれば雛が産まれたかも知れない。雉鳩は住宅地の庭木や街路樹の又になった処へ細枝を粗雑に重ねた円形の凹みの少ない巣を作る。雛の時は、親鳥が食べて半消化状態の餌を戻して嘴移しで給餌している。卵が孵化して一と月程で巣立つ。

この鳥は狩猟鳥だから、狩猟者は捕って飼っても構わない。今はハンターが減り、全国で毎年十万から二十万羽が狩猟や有害鳥駆除で消えている。だが生息数は減っていない。

五十年余り前は冬場の少年少女の格好の小遣い稼ぎか晩のオカズに雉鳩はなっていた。六十歳以上の土佐人で市街地以外の中山間地域に住んでいたら思い出にあろう。

県内にいる鳩は他に青鳩、烏鳩がいる。青鳩は喉から胸元が目白のように黄色で、頭頂部から背は緑灰色で雄は肩が赤紫色である。この青鳩も昔は銃猟、罠の密猟の対象であった。水ワサといって泉の湧く水場に餌なしで仕掛けるのもあった。鳩の餌はキビ、豆、割米など穀類を主とするが、青鳩は塩水を飲むので知られる。神奈川県葉山町の海岸に周辺の山から、大群で塩水を飲みに来るのを数年前NHKテレビで放映していた。

私は十五年程前の十月、北海道紋別郡鸚鵡町（現・北見市）へ知人を訪ねた時に岬の小山の上を三群で百羽程の青鳩が旋回飛翔しているのを見た。遠くからでも喉元の黄色が目立つので即判る。ぐるぐる何周も大群が旋回すると壮観だった。鳴声はアーオアォォアーオと尺八の音か赤児の泣き声のように聴こえる。雉鳩は人家の近くにいるが、青鳩は山中から出る事はない。

昔、雉鳩などの肉を食ったが味は鯨肉に似ている。胸の肉は厚切りでステーキに、手羽や脚は砂糖醤油で照焼が旨い。唐揚げもあるが。焼鳥は雀などの小鳥から鶫までの大きさなら皮付きで骨まで食べられる。が鳩や鴨、小綬鶏、雉、山鳥は皮を剝いで調理するのが常道だ。皮は固くて食べられない。

雀や山雀は両脚を揃えて歩くが、鳩は右脚、左脚と交互に歩く。神社仏閣の観光地にいるのはドバトである。観光客が豆を呉れるので警戒心がなく馴れ馴れしい。糞が柱や壁を汚すので楼門、楼閣は金網で覆っている所が多い。

烏鳩は天然記念物である。今では県内では幡多郡大月町の蒲葵島(びろうじま)に生息しているとされている。私は昭和三十九年初冬に佐川の某食料品店（今はない）の軒先に烏鳩が売物で一羽ブラ下がっているのを見た。首から胸の緑青色の輝き、全身の黒紫色、脚と指の紅赤が五十五年経った今でも目に浮かぶ。

烏鳩は和名だが俗称は黒鳩ではなかったろうか？　司馬遼太郎の「坂の上の雲」で日露戦争の時、満洲軍総司令官の大山巌がロシア陸軍中将のクロパトキンを指して「ああ黒鳩が来ましたか」の条(くだり)がある。方言は似た所があるので薩摩人も土佐人も黒鳩と呼んでいたのではと思うのだが。

身近に見られるのは高知市栈橋通り近くの「わんぱーくこうち」の禽舎に烏鳩の親仔四羽がいる。禽舎が狭く運動不足で、過食で肥満体である。更に嘴や爪が伸びて羽に艶がない。砥部動物園のように大型の円形か方形の天井の高い金網の禽舎になれば良いのにと思う。

他に天然記念物の鳩は沖縄県の琉球頭赤青鳩、金鳩と埼玉県越谷市の、白子鳩がいる。白子鳩は数珠掛鳩に似ている。他に伝書鳩がいる。

歌手の新沼謙治は熱心な競争鳩の飼育者で鳩レースにも参加しているらしい。伝書鳩は足環を付け（リングが認識票の役割をする）遠隔地から一斉に放鳩してから、飲まず食わずに飛び続け自宅の鳩舎までの帰還タイムを競う。途中、迷鳩になったり鷹や外敵に襲われたり、電磁波といって、アンテナが林立する上空を飛ぶと方向感覚が狂うという。

この伝書鳩を飼う人は多くが自家繁殖をさせている。血統書付きの種牡の鳩は、一羽数万円から数百万円以上の値がするらしい。趣味の世界は動植物や書画骨董など金に糸目を付けず多額の金を使う人がいるものだ。

鳩を飼う場合は注意しなければならない事がある。羽虫やコクシジウム、羽から飛散する粉状の物質など人体に悪影響を与える惧れがあるのだ。永年、飼育していると肺や呼吸器系に異常がないか定期的に検診を受ける必要があると思われる。

私は伝書鳩も雉鳩も飼育経験があるが色が地味で鳴鳥のように囀らない。だから他の飼鳥のような面白味がないのは、動作が緩慢な事によるかも知れない。人に馴れやすく大人しい鳥ではあるが……。

雉鳩が絶滅危惧種なら保護の必要性を充分に感じる。が今や日本全国どこの公園、住宅地、史蹟、田畑、山林に普通に見る事が出来る（例外もあるが）。雉鳩の環境適応性と繁殖力の強さは素晴しい。年に何回も雛をかえすのは、有害獣の猪のような多産獣に似ている。私が子供の頃に比べると、捕獲数は減っても〈狩猟登録者〉の減少を勘案しても生息数は余り変わらないと思われる。全ての野鳥が雉鳩のような旺盛な生命力があればと思う。昔、台湾の故宮博物院で徽宗皇帝の桃鳩図（とうきゅうず）を見た。
・・・・・・
鳩に三枝の礼ありの諺もある。

鳩鳴ゐて椎の実拾ふ遠き日よ　　俊平

16
鶉(うずら)

鶉は雉目雉科の鳥で全長二十センチ。尾が丸くなっていて判りにくい。和鶏に天然記念物の鶉チャボがいる。あれと似た体形でトサカがないと思って頂ければよい。平地から山地、草原、田畑、河原が生息地で四国は冬鳥として渡来する。昔、猟友会が鶉を放鳥したことがあった。プルプルと羽音を立てて足元から飛び立ち柳瀬川の由留岐(ゆるぎ)橋上流の川幅三十メートルを、ゆっくり飛んだ。昔は日曜市や御城下のペットショップ、小鳥屋に秋口になると何十羽も洋鳥用金属籠に入れて売られていた。

昭和四十年代は三百円から五百円、五十年代は六百円から八百円、六十年代から平成は一羽千五百円を越えた。今は幾らするかな？　注文販売なので店頭には置いてないのだ。店で売る鶉は愛知県で生産された家禽(かきん)である。安城市では畜産、養鶏、家禽養殖が盛んで、昔は日本のデンマークと言われた所だ。野生の鶉は今、捕獲禁止である。生息数が激減の為。昭和三、四十年代は幡多郡の四万十川流域は鶉の好猟場として狩猟解禁前に新聞記事に出ていた。県内各地の雉、山鳥、鳩、鳴、鴨、鶺、猪、鹿、狸、兎などのいる、いないの情報が出ていたのを思い出す。

鶉は江戸時代に飼育ブームがあったそうな。それはクワックワーと鳴く声にある。囀りとは言えないが、約百メートル四方に響く声である。三代将軍徳川家光の時、老中酒井讃岐守忠勝は、鶉の名鳥を贈物に貰った。それが賄賂と気付き返却したとか。

鶉は片手で握れる大きさで餌は鶏の雛にやる物と同じだ。水を切らさず、煉餌の方が食いが良い。コバンは竹製の正方形で高一尺、天井は頭を打たないよう網を張ってある。入口は中段に一ヶ所である。底に入口があると隙を見て逃げられるから。籠盆（底）に砂を敷いて止り木はない。

鶉の持ち運びはコバンを使わず巾着袋を使う。布袋の入口を紐で締める。首だけ袋から出して袂に入れる。昔は着物だから、そのようにした。似た物は伝書鳩用としてある。頭、脚、尾羽が出せるよう化学繊維袋にチャックが付いて手提紐がバッグのように付いている、一羽用である。飼鳥の飼育に便利な様々の器具や用具があるものだ。

私も何年か鶉を飼ったが、軒先に鶉籠を吊しておいたら雀鷹がブロック塀に止まって鶉を狙っている。人家に人がいるのに餌を見付けると平気で近付くので驚いた。

小鳥屋やペットショップで売っているのは、雌は採卵用で雄は愛玩用である。私は雌も飼ったが鶏のように毎日、卵は産まない。雄は良く透る声と愛らしい姿形が魅力だ。ペットは小さいのが可愛い。ペットを写真に撮ると早死にする事があるので焼物（陶芸）を作ろうと思った。佐川小の同級生だった、陶芸家・武吉廣和（ひろかず）氏に事の次第を話して鶉の置物を作ることにした。瀬戸の白土を貰い成形して羽模様や眼は竹ベラと箸で細工し、脚は見えない、うずくまった形にして乾燥させた。

武吉氏の窯は登り窯で赤松を燃料に一週間位、火を通すと言う。赤松は火力が強く千五百度余りになるので日本刀の製作時にも必ず松炭を使う。自分が成形乾燥させた鶉を見せると「これは中をくり抜かないと割れる」と言う。中をくり抜くと重厚さがなくなると思い「割れてもかまんけ、焼いて」と言うと花活（はないけ）というか手桶の中に入れ、他の器（皿、壺、茶碗）と共に窯入れした。焼き上ったという電話で窪川の松葉川へ行き、窯出しに立ち会った。鶉を入れた手桶は亀裂が入り鶉は無事だった。焼締めになるので多少、縮んでいたが全体に自然釉がかかってオリーブ色になった。喉元が濃茶色で鶉らしく見える。

顔料を使って絵付をすれば本物に似るが、素朴な鶉に仕上って良かった。あれから三十余年経つが今も飾り物で置いてある。

鶉で思い出すのは明治時代末期のベストセラー「肉弾」の著者、櫻井忠温（ただよし）である。日露戦争に松山歩兵第二十二連隊の連隊旗手少尉として出征。第一回旅順総攻撃（明治三十七年八月十九日）で右腕を貫通銃創で失った。この激戦を左手でロール紙に書いて本にした。明治天皇の天覧に供し、世界七ヶ国語に翻訳された。大正二年には戦跡を再訪して思い出を「銃後」として出版した。昭和五年陸軍少将で退役。昭和四十年八十六歳没。日露戦争時、第三軍司令官の乃木大将が旅順で櫻井中尉に「鶉はおるかね？」と問う条がある。私は日露開戦百周年（二〇〇四年）に中国の大連から奉天（瀋陽）の旧満洲を読売旅行のツアーで訪れた。県内から三人、関西空港からのツアー客と十五人で大連直行だった。大連や旅順、二〇三高地、東鶏冠山北保壘、水師営など戦跡を見学した。が山々は禿山で公園と称する所だけ櫟などが植えてあり道の両側に雑木が茂り四十雀が何羽かいた。どこにも鶉のいそうな場所は見当らなかった。赤土を掘れば戦死者の骨か空薬莢が出てきそうな雰囲気だった。どこの戦跡も。鶉は昔から俳句、短歌、絵画で表現されている。

　鶉鳴く吉田通れば二階から　　鬼貫

鶉は日本画に良く見られる。佐川に昔、幕末の名刀工・南海太郎朝尊の甥の子で、骨董の展示販売をして、若い時に東京で刀鍛冶の修業をした森岡誠治翁がいた。私の祖父が戦前の大正時代に、誠治翁の先代の儀助さんから、勤王の志士、平井隈山収二郎の横額を買ったと昔、話していた。私は昭和四十六年に誠治翁を朝尊堂に訪ねた時、私の所望する品がなかったので後日、手紙が来た。

「お尋ねの東畝さんの、秋草に鶉がありましたが、本年二萬円で売りました」とあった。詳細は佐川史談会の「霧生関」五十二号に出ている。野生の鶉が減少しているので、家禽として、小中学校の飼育教材として活用し増殖を試みてはどうだろう？　国鳥の雉を放鳥しても自然界での繁殖は困難だから……。

17　鴨

　鴨は渡り鳥であるが近頃、軽鴨などは留鳥として年中いるようになった。土佐で見られる鴨は十九種いる。そのうち真鴨、軽鴨、小鴨、葭鴨（よしがも）、緋鳥鴨（ひどりかも）、尾長鴨、嘴広鴨（はしびろがも）、星羽白、金黒羽白（きんくろはじろ）、鈴鴨、黒鴨は猟鳥である。このうち佐川で見たのは真鴨、軽鴨、小鴨、緋鳥鴨、尾長鴨、金黒羽白、他に鴛鴦（おしどり）がいる。私が子供の頃は、映画《三丁目の夕日》と同じ時代である。昭和三十年代は佐川の柳瀬川、春日川で鴨は見なかった。鷺も余り見なかった。今は軽鴨も鷺類も年中見る事が出来る。

　昭和三十年代は有機水銀中毒死の鳥類が話題になり、水俣病、イタイイタイ病が出現した頃だ。当時、県下では、浦戸湾、宿毛の松田川、春野の仁淀川河口、高知市の弥右衛門（やえもん）が鴨の主な猟場であった。当時は鏡川河口から青柳橋付近に多くの鴨が飛来した。高知市内の稲荷（いなり）町付近の田にも鴨が飛来してハンターの獲物になっていたようだ。

　昭和四十年代になって高度成長期に日本列島改造論などが出始め開発と称する自然破壊

で鳥獣の生息地が激減した。最近は鴨類の南下が遅れ滞在期間が短くなったが、富士山の初冠雪が早い時は、鴨も南下が早くなる。

佐川に鴨が戦後、群れで来始めたのは昭和五十年代からと思われる。鴨は諺に「鴨が葱(ねぎ)背負(しょ)って来た」と言われるように冬の鍋物の代表であろう。鴨の中で最も美味は小鴨と言われている。鴨鍋かステーキか好みもあろう。鴨は毛深いが腹の毛を吹いて包丁を入れて皮を切り、肉を引っぱるとツルリとムキ身になる。開腹して内臓を取り出し骨を関節で切断する。ガラは出汁(だし)として最高の味が出る。カレーやラーメン、うどんの出汁に最適だ。

鴨を捕るには銃猟と網猟がある。戦前は油黐や千本挾(はご)や漬釣などがあったようだ。銃猟は一日五羽以内、網猟は一猟期二百羽以内が現在の規定である。戦前は猟期が長く十月十五日から四月十五日までで、職業猟師と遊猟者で、税額（鑑札代）が違った。金持ちは一等で舶来(はくらい)の水平二連銃を使い、庶民は二、三等で単発銃に黒色火薬と散弾を真鍮(しんちゅう)薬莢に手詰めして使用していたようだ。

鳥を描いた有名な日本画家は佐川出身の廣瀬東畝がいる。平成五年に佐川町主催で「廣瀬東畝回顧展」が開催された。解説用目録の作成に私と竹村脩氏、高知市の森氏、役場職員の岡林氏の四人が担当して、上品で優美な作品を眺め鳥の名を確認した。謝礼に展示作品の小型写真のアルバムを貰った。

廣瀬東畝 孔雀図 1912年
高知県立美術館所蔵

近頃、県下で渡来数が多いのは軽鴨である。一部は県内の河川の葦辺で繁殖している。真鴨と体形、重量は変わらず成鳥で一キロから一・二キロある。昔は珍しかった鴨の中でも軽鴨は以前、日高村鹿児の遊水池で多く見た。ここは特定猟具（銃）禁止区域だ。大鷭、鷭、鳰、蒼鷺、大鷺など色々な水鳥が来ていた。今は池に葦や水草の茂みが無数の洲（しま）になり、池の表面積が減り鴨類の飛来が減少した。

県下最良の鴨の観測地として南国市十市（とおち）の石土池がある。数年前の春、五百羽余の鴨が帯状に連なり北帰行するのを見た事だった。

佐川では昭和五十年から六十年代にかけて、鳥の巣の萬代（まんだい）鉱業の石灰石採掘の跡地に溜池が出来た。その大きさ長辺百メートル、短辺五十メートルで地表から四十メートル、水深十メートルの巨大な池が出現した（今は会社も池もない）。雨水や湧水で涸れる事はなかった。冬期ここに、真鴨、軽鴨、小鴨、尾長鴨、緋鳥鴨、鴛鴦など多くの鴨達が浮寝する池になった。

その昔は須崎の糺（ただす）の池が深尾公（佐川領主）の猟場（御留池（おとめいけ））であった。探偵小説の草分けで佐川出身の森下雨村（うそん）の「猿猴（えんこう）川に死す」に「須崎の糺の池は周囲約三キロメートルの湖沼に見える」とある。実際は周囲十四丁（一、五一二メートル）と須崎村誌にある。今は埋立てられ、上を自動車専用の高架道路が通ったり、国道が拡張されて往時の百分の一もない。昭和六十一年から昭和六十三年にかけて多い日で一日に五百羽の鴨の大群が、佐川町鳥の巣の人工池に飛来した。計数は撮影場所とカメラの角度を変えて何枚も撮りプリントして鴨の羽数を合計した。当時その池を巡り保存運動が起きた。勿論、私は保存派だった。しかし会社は、鉱山法により石灰石の廃鉱跡の溜池は埋たてねばならなかった。今も池があれば鴨の飛来池で有名になっていただろうに。

現在、佐川町内で割と鴨が多く見られるのは斗賀野トンネル入口手前の竜王公園、通称タコ公園の南側の池である。面積は一ヘクタールの農業用水の溜池である。タコ公園と池の周囲は特定猟具（銃）の禁止区域だ。

さらに北側の下段は県畜産試験場で土佐赤牛（褐毛牛）の放牧場がある。タコ公園の池で鴨が水際の枝に止まるのを初めて見た。普段なかなか鴨が木の枝に止まるのは見た事がなかったが。

平成二十八年一月は、この池に鴨の合計が一日で二百羽を数えた。翌二十九年は五十羽に激減した。三十年も同様に、三十一年は百羽程に回復した。これは佐川町加茂の採鉱地の跡に出来た池に多数の鴨が飛来したのが原因と思われる。

七、八年前に日高村岡花の遊水池に雁が飛来したとの情報もあった。私は確認してない。今は便利な世の中で、鳥の飛来情報があればタブレット端末のグーグルで検索すれば、即場所と経路と到達時間までが表示される。

昔話の思い出に、私が若い頃に職場の演芸大会があった。私は着流しを角帯で締め黒足袋、羽織姿で扇子を手に、土佐落語（土佐弁で咄す）の青首を一席咄した事だった。青首とは青首大根と真鴨のアオクビを、かけている。

今、高知の城下で鴨を見たければ、城西公園の桜馬場の濠か鏡川沿いの山内会館下の土手から、あるいは県立美術館の西側の池、又は浦戸湾周辺が良かろうと思われる。

鴨一羽枝に止まりて眠りをり　俊平

18 鶴

古来、瑞兆の鳥として日本人に親しまれた鶴。鶴は千年亀は万年のように長命の鳥でもある。

江戸時代、幕府は正月用に京の帝に、鶴を贈る年中行事があった。これを鶴の御成(おなり)と言う。これは鷹狩で得た鶴を行列を組んで上洛するのだ。鶴の吸物というのは天皇家の正月料理で、徳川家は兎汁が正月料理だったらしい。

鶴は沼沢、湿田、川、池に生息し樹上には止まらない。土佐の国司として紀貫之が延長八年(九三〇年)に来て、承平四年(九三四年)に任を終わった。翌五年に京に着いた。帰途、宇(う)多(だ)の松原に鶴が飛び通っている、という記述が土佐日記にある。これは鶴ではなく鴻(こうのとり)(鸛)であろう。また今日まで、日本画の掛軸の中には、丹頂鶴が松樹の上に止まっているのが多い。まちがいである。樹上に止まるのは鴻(こうのとり)(鸛)である。

幕末の佐川領主・深尾公の家臣、足軽の川添亥平(かわぞえいへい)が著した「温知録(おんちろく)」によると、佐川領・鳥ノ巣の松の大木に鴻が巣を懸けている。これを某が見付けて火縄銃で撃ち落とした事が記されている。翼を広げると六尺余りと書いている。

私は数年前に読売旅行の日帰りツアーで、兵庫県豊岡市をバスで通った時、窓外の水田に鴻が何羽もいるのを初めて見た。辺りの電柱のようなポールの天辺には人工巣が設置されていた。徳島市でも同様の施設で雛が誕生してニュースになっていた。特別天然記念物や絶滅危惧種は、すべからく人工増殖を試みるべきと思われる。飼育されている丹頂が後楽園（岡山）で飛ぶのは何度も見たが……。

佐川では明治時代までは室原に鍋鶴が来て莚（むしろ）に干した籾（もみ）を狙って来るので竹竿で追い払った、と曾祖母「松」が言っていたと生前、父が話していた。曾祖母は、幕末の学僧でマルチの才能があり、恵比須（えびす）大黒や仏像彫刻を手掛けた仏師・淡々舎月溪（たんたんしゃげっけい）こと渡邉祐次郎（すけじろう）の姪である。祖父も五十余年前に「室原の沖の田（遠方の田）の石グロに鍋鶴が来よった」と言うので「明治二十年代かえ？」と問うと「そうじゃ」と言ったのを思い出す。

佐川盆地は鍋鶴や鴻が来たなら真鶴も来たと思うが確証はない。幕末の佐川は俳諧ブームで室原の横倉神社に俳句の棟札が何枚かある。当時の佐川の俳諧師・鳥之巣庵素然坊（茶坊主）の息子、橋本桃溪（とうけい）の句に（佐川町史）

春の雲行く行く鶴におくれけり

がある。

鶴は万葉集や古今和歌集にも多く詠まれ、その姿形の優美さを愛でた。現代短歌は、このような叙景歌はない。多くは日常会話を文字に置き換えた、あるいは心理描写を三十一文字にしたのが多い。リズム感や視覚に訴える感動が少なく時間が経つと忘れる短歌が多い。平易で気軽に作れるのが特長か。

私が動物園以外で初めて鶴を見たのは昭和四十八年十一月。高岡郡中土佐町久礼の矢井賀の刈田の上を一羽の真鶴がゆっくり旋回して上昇している優美な姿を今も鮮明に覚えている。最近では数年前に、南国市十市の県道の上空を十一羽の鍋鶴が旋回飛翔し上空へ昇って行くのを見た。天気の良い昼前の出来事だった。真鶴と違い、鍋鶴は翼が黒く見えるので余り美しくない。だが群れで弧を描くのを見ていると、ああ、鶴だ！ と思うのだ。ところで今は、毎年一万羽以上が飛来する鹿児島県出水市荒崎の鍋鶴が有名である。私はここへ、昭和五十七年一月に一人で見に行った。鳥見は大体一人で行く。

当時は渡来数は四千羽と言われていた。だが給餌する田は民有地五十ヘクタールである。地権者百三十人が賃貸交渉に応じないので連日ニュースになっていた。市の所有田と監視員の又野末春氏（故人）の田の約二ヘクタールに給餌をするのみである。観光客排除の動きや立入禁止の看板の設置など、鶴の給餌に反対の行動が目立ち一触即発の危機的状況であった。私が冬空の出水市へ鶴の大群を見に行ったのは、そんな時だった。岡山行の特急に乗車、山陽本線で九州に向かった。福岡駅では博多美人を見かけた。土佐美人は小柄で色白丸顔の二皮目（ふたかわめ）だが博多美人は着物が似合う面長の顔だった。柳腰で上背があり、肌白く目は切れ長でインパクトが強かった。

出水駅では土佐弁で言う〝しぶち〟が降っていた。そこからタクシーで荒崎の鶴見亭まで行った。当日は約、千四百羽の鶴がいた。他に鴨類も数多く見えた。鶴見亭とは高台に設置された展望台である。床板を巡らせ、眼の高さのガラス窓があり四方を見渡せる。前方には約五十ヘクタールの乾田が広がっている。目の前を二、三羽の鍋鶴が横切って行く。間近で見ると、鶴はこんなに大きいのか！　と実感する。

鶴が定住するには絵付けと給餌が必要である。この時は、市や又野氏の田、約二ヘクタールのみの給餌だ。又野末春氏も展望台に来て、色々と話を伺う事が出来た。夕方近くになると雪が降り出した。この夜は近くの民宿に泊った。夕食にフグの薄切刺身を円形に並べた大皿が出た。フグの刺身はコリコリして初めて食べたが珍味だった。出水市が、こんなに寒い所とは思ってもみなかった。佐川も冬は寒いがそれより随分と寒かった。シベリアから来る鶴達にしてみれば大した事はないかも知れない。鶴の大群を初めて見たが、リーダーの一羽が首を伸ばして「クェークェー」と高音で啼く。何を命令しているか判らないが、これが鶴の一声かと思った。処所に真鶴も見られる。ふと昭和三十八年のアメリカ映画で、ヒッチコック監督の「鳥」が瞼に浮かんだ。映画の鷗や鴉と、鶴の違いはあれど千羽以上の鶴の大群を間近に見ると、映画やテレビと違い迫力に圧倒されるのだ。

　ここ出水平野に毎年、一万羽以上の鶴が集合すると餌やりも大変だ。が、それ以上に鳥インフルエンザが発生すると世界の鶴の、ほとんどが来ているので絶滅の危機も懸念される。四万十市が鶴の誘致を進めて序々に飛来し始めている。明治時代のように佐川に再び、鶴が飛来すればと思うのは夢か。

夢に見し鶴を尋ねて冬の旅　　俊平

月渓の木仏は古拙の笑ひして
春待つ心ほのかに伝ふ
平成七年三月
俊平

恵比須大黒天木像
河田小龍ノ友人・尾立家後見人

月渓 渡邉祐次郎（文政三―明治廿三）
室原村中山出身 仏師 淡々舎月渓

19　山鳥

あしびきの山鳥の尾の枝垂尾(しだりお)の長々し夜を一人かも寝む　柿本人麻呂

古歌に詠まれた山鳥は昔、八十円の通常切手の図案になっていた。留鳥として北海道以外に生息する。雄は尾羽が三尺近くある。

尾羽の白い節が十節以上は三歳以上の親である。十二節の山鳥となると年季も入っているが滅多にいない。五十余年前の新聞記事にバス運転手のハンターが、白化した山鳥を射止めたと写真入りで出た事があった。鳥の白化現象は雀、燕、鴉に時々見られ、アルビノと言って色素が欠乏する事により起きる現象である。この場合は眼は赤眼になっている。他にも、白狐、白猿、白蛇など神格化されて伝説や文章となって今に伝わる。

白雉発見で白雉の元号がある。大化の次だ。

山鳥は里山から山地にかけて、冬季は数羽の群れで生活している。山鳥の特長は、雄が翼を叩くようにしてドッドッドッドと音を出す。このドラミングは、縄張り宣言とか、雉と違い、啼かない鳥のディスプレイか。山鳥の雄は、陽の当たる場所に出ると背中が黄金色に輝く。私は毎年のように何回も見て来た。

この鳥に初めて出会ったのは五十余年前の少年の頃だ。尾川の山奥の知人が「ワサに山鳥がかかっちょった」と言って雌山鳥を持って来た。私は「剝製(はくせい)の作り方」という本で作製方法を学習した。解剖用具も薬品も何もない状態だった。芯金の針金や詰物の「木毛(もくめん)」や消毒薬、防腐液もない状態で解剖はした。骨を関節で切断し、内臓除去して皮を裏返して肉を除去する。義眼も固定用の粘土もなく冷却保存も出来ないような有様だった。まあ一応、形は出来たので知人に渡した。暫くして「どうぜよ」と聞くと「猫に捕られた」と言っていた。

他に拾った翡翠(かわせみ)や鴨も解剖、標本にした。剝製は自分で作るよりは、専門業者に頼んだ方が確実で安価で出来る。私は蒼鷺や鴨を一体が一万円余で剝製にして、佐川小学校へ昔、寄付をした。私が小学生の昭和三十年代は理科室に真鶴や大鷲(おおわし)の剝製があり、満洲や朝鮮で採集された植物や貝類の化石や、鉱物標本もあった。置場所は違ったが離れの木造二階建校舎の二階の教室の床に面した戸袋の中に銅版に写真のネガ（集合写真）のような物が十個余り紐で括られているのを見た。理科室には〝牧野富太郎博士寄贈〟と金文字で書かれたオルガンもあったが、もうないだろう。

余談だが野鳥歳時記（山谷春潮）が冨山房から復刻出版された。これを買うとアンケートハガキがあって、それに「御社の創立者は本県出身の坂本嘉治馬で云々――」と書いて出した。すると「創立130年記念」のテレホンカードを贈って来た。使わずに記念に保存している。

山鳥は佐川では尾川の小奥から川の内に抜ける林道の途中で良く見かけた。冬季三羽か四羽の群れで林道を歩いていた。車を停車して歩いて行くと五、六メートルで小走りに駆けて山中に隠れた。この林道の真中部分で檜が伐採されて林道の上下で二十ヘクタール余の空間が出来た。すぐ檜苗を植えたが、まだ数年しか経ってないので山鳥も見なくなった。多くが民有林なので致し方なしだ。

もう一ヶ所、山鳥が見られたのは虚空蔵山である。わんぱく広場（キャンプのテント地）から登山道を登り、八合目から九合目の林道に山鳥の雄が現れる。朝の九時頃、朝陽を浴びた雄の山鳥の背中は、本当に黄金色に輝いている。私は冬季に何回も見た。眼福である。この辺は特定猟具（銃）禁止なので山鳥も安心して散策している。車を停車して眺めていても飛び立たない。天候や時間帯があるので、いつも山鳥が来るとは限らない。

四国にいる山鳥は四国山鳥と言って亜種である。九州は腰赤山鳥がいる。どこと限らず、腰白山鳥もいるが。

大体、山鳥は低山の小渓のある処に生息している。啼かないので落葉を掻く音や飛び立つ時の羽音に気付くようでないと見付けにくい。杉や檜の植林中でも小渓があれば生息している事がある。禽舎で飼われている山鳥は、止まり木には滅多に止まらない。鶏や小綬鶏のように砂を浴び、地べたにしゃがんでと言うか、うずくまっている。山中では歩き廻るのだが。この山鳥猟は谷の下から猟犬を入れる。山鳥は犬に追われて上流、山頂近くへ行く。そして犬に追われると、谷川に沿って上空を時速七十キロ以上の高速で下流へ直線飛翔する。山鳥の沢下りである。

クレー射撃のスキート七番台、八番台に相当するスピードで飛翔する。従って並のハンターでは撃ち落とせない。山鳥の食味は雉と変わらない。豆腐、芋類、玉ネギ、青葱の入った味噌汁又はすまし汁が風味がある。

今は雉と合計で一日二羽以内と捕獲が制限されている。雉と同じく雌は禁猟である。生け捕りにした山鳥は飼育しても構わない。別に飼養許可証もいらない。狩猟免許があれば。鶉鶏目（今はキジ目）の鳥類は、鶏と同じ小綬鶏も、同じ餌である。山鳥は穀類（草の種）やミミズ、カンタロー、昆虫や木苺、茨の実など色々と採餌している。

この鳥は動物園では見た事がない。雉は日本の国鳥だから、いて当然だが、山鳥は地味で啼きもせず、繁殖用以外は余りインパクトがないが日本特産の鳥である。こうした日本特産の野鳥が減少し、絶滅危惧種にならぬように願っている。鳥の声や姿が見られない日常は何ともやりきれぬ。

多くの人が山鳥を知らないだろうから、鳴禽類の探鳥会だけでなく、山鳥を対象とした限定探鳥会があれば面白いだろう。だが大勢では無理だ小人数に限る。確実に見る事が出来れば、俳句、短歌、写真、絵画など広範囲に関心を持つ人が増えるのだが。

佐川町80周年記念押印

佐川郵便局風景入通信日付印

昭和55年11月１日使用開始

図案説明

明治19年（1886年）に完成した洋化風潮時代の貴重な建築物である旧青山文庫と、維新の大業に活躍した脱藩志士集合記念碑を描き、名所牧野公園の桜を配す。これらは、歴史と文化のふる里佐川町のシンボルである。

図案者

佐川町　氏原敏仁

20　土佐弁の鳥名呼称

　私が小学生の頃から聞いた鳥の名の土佐独特の呼び方、祖父母や古老に聞いた鳥の名を列記する。越谷吾山(こしやござん)の物類呼称や和漢三才図会(わかんさんさいずえ)、嬉遊笑覧(きゆうしょうらん)あるいは中西悟堂の定本野鳥記、古語辞典、広辞苑(こうじえん)、高知県方言辞典に載ってないものもある。土佐弁を使う世代が少なくなった今、こういう呼び方もあった事を記録として残しておきたい。全国的に使われているので、聞き覚えのある鳥もあろう。では順次列記しよう。

青鵐(あおじ)＝ヤブチッチ、タモトスズメ　冬季人里や庭に来る、物怖(お)じしない。昔、コブテやワサで捕れた雀大の鳥。

青鳩(あおばと)＝アオ　留鳥、椎(しい)や樫(かし)の実を好み塩水を飲む。喉の黄色が美しい。アーオアーオォーと尺八の音に似た声で啼く。昔はコブテ、ワサ、銃で密猟の対象。今は数が激減して滅多に見る事がない。

赤翡翠(あかしょうびん)＝水恋鳥(みずこいどり)　里山の谷に生息、この鳥が啼くと雨が降ると言われる。夏鳥だから年中はいない。

斑鳩(いかる)＝マメマワシ　冬少群で来る渡り鳥で、キーコーキーと鳴く。文鳥を一回り大きくした感じ。嘴が黄色で目に付く。

大瑠璃＝ルリ　夏鳥として渡来、本朝四鳴鳥、日本三鳴鳥の一つ。ルリにはオオルリ、コルリ、ルリビタキがいる。ルリビタキは冬の渡り鳥。

鳰(かいつぶり)＝ミズムグリ　留鳥だが繁殖期は余り見ない。潜る鴨と思っている人がいるが、カイツブリ科で鴨ではない。

懸巣(かけす)＝ガイス　留鳥で年中いる鶇位の大きさ、樫の実を食す、これも昔はワサ、コブテ、銃の密猟の対象であった。今は数が激減した。ゲーゲーと啼く。

翡翠(かわせみ)＝ショウビン　佐川町の鳥、留鳥で年中、春日川や柳瀬川で見られる。水泳の時、橋や川岸から飛び込むのを土佐弁でシュウミンを打つと言う。これは、ショウビンつまりカワセミが川魚を狙いダイビングするのに似ているからでショウビンの転訛か。

河原鶸＝ヒワ　オオカワラヒワ、コカワラヒワ、マヒワの三種がいる。留鳥は、コカワラヒワで他は秋の渡り鳥だ。

菊戴(きくいただき)＝マッスガリ　国内で鷦鷯(みそさざい)と並び最小のである。冬季、里山に来るが今は滅多に見る事はない。

雉鳩＝ツチクレバト（土塊鳩）　体色が土の色に似ているからか。近年、数が増えて有害駆除鳥になっている。

黄鶺鴒＝イシタタキ　河原の石の上で尾羽を上下する。またミチオシエの異名もある。これは山道を歩いていると、人の先へ先へと飛んでは着地して何十メートルも案内するかのようである。虫の斑猫と同じ由来の呼名だ。

鷭＝クロトリ　雛の時は真黒。水田や葦辺で営巣育雛をする。

腰赤燕＝朝鮮燕　私が小学生の頃は佐川の水田で良く見たが今は全然見ない。幕末から明治時代、佐川に燕を捕る名人がいて焼鳥にして「燕黒」と言って売り歩いたと言う話がある。薬用として売ったらしい。

五位鷺＝ゴイ　近頃は数が減少した。留鳥で夜間、ギャーと奇声を発して飛ぶので気味悪がられている。

三光鳥＝オナガドリ　夏鳥で背面が瑠璃色で腹が白く尾羽が一尺余りあり、ツキヒーホシホイホイと啼きヒラヒラと蝶のように飛ぶ、これは尾が長いからである。雌雄共に啼くが体色が違い、雌は尾が焦茶色で短かい。

差羽＝キミタカ　これは春三月に東南アジアから渡来した群れが営巣地を捜す時、旋回飛翔時にキンミーキンミーと啼くから。鷹の仲間で尾羽先端は円形。

四十雀（しじゅうから）＝シロヤマガラ　昔、佐川の奥地の小奥（こおく）で山師が使うのを聞いた。山雀をアカヤマガラと言った。

尉鶲（じょうびたき）＝ヒッコチ　この鳥は秋に南天やピラカンサスが色付く頃に一羽でいて木の枝や物干竿に止まり尾羽を上下させる。地声がヒッヒッヒッであるからヒッコチと呼ばれるのか、昔、御城下の小鳥屋で売られていた。春の囀りが上品だが低音である。普通はヒタキと言う。

田鳧（たげり）＝ムナグロ　雉鳩大の冬鳥である。チドリの仲間。胸元が黒いからそう呼ばれる。長い羽冠があるが余り見かけない。胸黒（むなぐろ）と言う別種もいる。

鶫（つぐみ）＝チョーマ（鳥馬）、ツムギ　佐川ではカシワツグミと呼んでいた。鶏肉をカシワと言うので肉質が似ていたから、そう呼んだのか。白腹はアオツグミ、虎鶫はヌエと言う。これは、そのかみの京の都の御所で帝の宸襟（しんきん）を悩ます正体不明の動物（鳥と獣の合体）が毎夜、現れる。これを源三位頼政（げんさんみよりまさ）が退治したので鵺（ぬえ）退治と言う。ヌエは春三月の桜開化の前頃、日の出前の闇夜にヒィーヒィーと奇妙な声で啼く。数年前までは毎年、聴いたが今は聴かない。知らない人が耳にすれば驚く。

雀鷹（つみ）＝スズメダカ　鳩より一回り小さい。漂鳥だから冬期人里に来る。小学生の時に電柱の雀を襲うのを見た事がある。十年程前、佐川町鳥の巣地区で怪我したスズメダカがいると連絡を受け、見に行った。そして「わんぱーくこうち」へ行けばと言った事だった。爪は鵯のようで小さかった。

梟（ふくろう）＝フルック　梟は「五郎助奉公木菟奉公（ごろうすけほうこうずくぼうこう）」と啼く。アオバヅクは五、六月頃に営巣育雛し夜間ホッホと啼く。

頬白（ほおじろ）＝ショウト　もうショウトと言う人は、私より上の世代か鳥好きでないと知るまい。使うまい。

真鴨（まがも）＝アオクビと全国的に言われている。土佐では昔、カモと言う場合、モにアクセントがあった。今はカにアクセントがある。

葭切（よしきり）＝ヨシワラスズメ　ヨシワラとは葭原（よしはら）である。江戸の吉原とは違う。葭切は、オオヨシキリとコヨシキリがいる。行々子行々子（ぎょぎょしぎょぎょし）と大声で五、六月頃に川の葦辺で鳴く。これがオオヨシキリである。スズメ目スズメ科の鳥で見た目は鶯に似るが声は下品で騒々しい。

他にダイサギ、チョウサギ、コサギは、まとめてシラサギと全国的に言われている。又、鶯は囀鳴期以外は笹鳴きのチャッチャッが呼称として使われている。以上、列記した通り、呼び方は使わなければ死語になる。

俳句に使えば存続すると思われるが、鳥を見て声を聴かないと実感が湧かないので困難かも知れない。一つでも気を付けて見よう。

クロトリの雛は四方に走り去る　　俊平

第二章　土佐の鳥　番外編

阿　石鎚山紀行

　昭和四十二年八月二十四日、午前四時三十五分、私と近所の高校生で一歳違いのH君のバイクに乗って西日本随一の高峰、国定公園の石鎚山に向かった。まだ月や星が輝く夜明け前の出発だった。

　五時二十分、越知町野老山（ところ）にさしかかる。バイクのエンジン不調で一旦休止する。二人の体重と荷物の合計重量は一五〇キロでバイクのスピードは五十キロしか出ない。

　六時に県境を過ぎた所で大休止。朝のしじまに大瑠璃の声、雉鳩や鴉の声が近くに聴こえる。途中で黄鶺鴒のチチンチチンの鳴き声がする。八時四十分に愛媛県面河村に着いた。渓谷が一部見え始め、茶店の目白が鳴いている。八時五十分渓谷美に見とれながら登山口への道を歩く。チチベーチチベーと山雀の声。ちょっとした樹間に自衛隊や男女グループのテントが見える。河原でどこかの美術学校の学生か女子ばかり三十人余が写生している。下山のハイカーに会う。「コンニチワ」と挨拶を交す。九時二十五分、石鎚山登口着、かなり急な石段である。二人で一つのリュックだから交代して登る。近くで雀類の声しきり。「バタバタバタ」と自衛隊か？　輸送用のヘリコプターの騒音が山の静寂を破る。十時四十五分、どこか知らぬが小休止、もう鬱蒼たる森林地帯である。

十一時十分、第一の水場に辿り着く。ソーダラップを飲む。「余り飲んだらいかん」とH君が言う。ガーギャーと星鴉が啼きながら枝渡りをしていた。そして我々の方に近付く。全然物怖じしない。付近には鳥獣保護区の制札が立っている。松山営林署の「禁煙」の標札も立っている。地図を出して磁石を見るとまだ入り口である。

十二時、笹原は一面に赤茶けた姿である。その中にモミ、ツガの老木大樹がそびえている。前方の山は石鎚スカイラインの工事であろう。山腹を一条の帯が走っている。チェーンソーとヘリの音。こうまでした山肌を削り自動車道を付けなくても真の山好きは汗水垂らして足で登るのだが、と思った事だった。

近くで雉鳩の声がする。すると目の前で熊鷹が翼を翻してモミの大木に止まった。あたかも一幅の日本画を見ているようだった。

「行こう」H君が言うのを聞き歩き始めると地面の石コロはカラコロと軽石のようなリズミカルな音を立てる。

二時三十分、広さ二畳余りのバラック建ての小屋に入る。内部は落書で一杯。今しがたまで人がいたようだ。残り火がくすぶっている。早速昼食の準備、眼前に石鎚山が雄姿を現わし天狗岳が一きわ目立つ姿をフィルムに納める。ザクザクと足音がする。自衛隊の一個小隊か、我々と同じ位か年少と思える隊員もいる。

出来上った食事を味わっていると四、五人のグループの顔が見える。先頭が「やあ、俊平」と言うので良く見ると高校教諭の岩井宏先生（故人）だった。「やあ先生」真に奇遇だ。先生は、遠縁なので山好きは知っていた。

三時八分、出発する。たちまち先程の集団に追い付く。なだらかな笹原を分割している道を進む。辺りはリンドウの紫色が冴える。センブリやアザミもぼつぼつ見られる。

お山を初秋の風がそよぐ。涼しい。

三時三十分、山頂のすぐ下の水場に着く。ここら辺はシコクシラベの保護林である。石鎚では、ここの水が一番とか。H君は体力、キャリアともに私より優っている。

岩雲雀の長い囀りが聴こえる。名物の白骨林も見え体裁の良い五葉松もチラホラ見える。風の為か松が寝ている。さあ出発、山頂は近いぞ！　やがて岩場に、ごつい鎖が蛇のように這っている。よく見ると鎖には銘が切ってある。眼下にはモミ、ツガの純林が見える。

鎖の回り道を行く。近くで鶯の「チャッチャ」が聴こえる。日本三鳴鳥の駒鳥は啼かず。

四時二十分、山頂白石小屋に到着。ここは旧陸軍の測候所跡を利用した所とか。中に入ると食堂式のテーブルが目に止まる。見廻すと売店がある。アメ湯一杯三十円也。護符、ペナント、絵葉書が出ている。

　やや遅れて岩井先生の一行が到着した。先生はアメ湯をすすっている。石鎚神社参拝、大三体、小一体の神像は良い色をしていた。

　小屋へ戻ると続々とハイカーが、女性も男以上の荷物を背負った人がいる。売店で護符とバッチ、カラー絵葉書を買う。絵葉書は定価百円也。最初は店主が「百拾円です」と言う。私は「定価百円じゃないですか？」と問うと「運賃がかかっているから百二拾円です」と言う。処かわれば値も変わる。山の天気同様に店主の気の変わりように唖然となる。

　続々と小屋掛けの申込みや電話が引っきりなしにかかってくる。やがて小屋を出て天狗岳へ、もう夕陽となりつつある太陽、岩場をヒョイヒョイと歩き天狗岳へ。ガスが出始めたのか白いモヤがサーと谷に下降する。もう視界がきかない。とうとう着いたか石鎚山頂、天狗岳。夏山も終わりなので登山者は少なく六十人程か。男がやや多い。小学生らしき者もぽつぽつ。やはり我々と同世代が圧倒的に多い。

　六時、山を降り始める。途中、ワラジに白装束、杖を頼りの媼に会う。「まあ、日帰りですか泊まっていきなサイヨ」と伊予訛で小屋泊りを勧める。「気を付けテ」と言うのを聞いて我々には「あの歳で小屋までねえ、どうかな？」と思われた。

八時十五分、どうにか登口の石段着。八時四十五分、面河着、まだ茶店は開いていた。三十人ばかりのサークルがファイアストームを広場でやっている。我々は厚着に手袋をして出発する。夜は交通量も少なく、空は満天の星、寺村トンネルのナトリウム灯が美しい。二十五日の午前零時三十分、越知の街中（まちなか）を通過。午前零時四十五分、無事自宅へ到る。

さすが国定公園、石鎚山は見事であった。日本三鳴鳥の声は聴かれなかったが、亜高山帯に生息する野鳥の声は聴けた。

深田久弥の「日本百名山」に書かれた石鎚山の雰囲気がまだ残っていると感じた。

昭和42年８月24日　石鎚山頂付近

以　諸鳥奇談

鳥と関わった五十余年の中で珍しい体験、奇妙な体験を例を挙げて紹介しよう。

その一

昭和四十二年の秋日、少年の私は一人で自転車に乗って佐川町尾川の奥地、小奥へと出掛けた。当時の体力があった頃でも、未舗装の山道は上り坂でカーブの連続であり、渓流のせせらぎと杉や檜の植林帯に囲まれた山奥であった。集落はあったが人影はなかった。ここまで来るのに一時間かかった。山道の端の涸渓というか溝がえぐれて、その上に枯枝が重なり空洞のようになっていた。ふと見ると山鳥の雌がいる。近付いても逃げないので追い込むと上方は行き止まりで、上からの枯枝で飛ぶ事が出来ない。難なく捕えて箱に入れていたが翌日死んでいた。衰弱死か原因不明だった。外傷もなかったが。

その二

昔、目白を飼っていた時、知人に貰った立仔（?）は雌雄の判然としない鳴きもせぬ目白だった。飼育して一ヶ月程の朝、コバンの底を見ると白い物が見えた。取り出して見ると私の爪の大きさ位の白い卵だった。何だ！　これは雌だったのか……。コバンで飼っていた目白が産卵するとは珍（ちん）な事よ、と思った。

そして二、三日して又一個産卵した。同じ鳥が二回もコバンの中で産卵するとは。これは立仔でも鳴鳥でもないので即放鳥した。雌の親とは意外だった。卵は割ると小さい黄身が二個ともあった。

その三

昔、県内で雉・山鳥を多数飼育して、自家繁殖して山に放鳥し猟期に撃っていたハンターがいた。今も健在だが飼育していない。

狩猟鳥はハンターが飼育しても問題はない。私は、このハンターから雄一羽、雌二羽を買い禽舎を建てて飼育した。庭の低木の植木を四、五本残して正方形の屋根なしで、コンクリートの基礎の上に杉の角材と金網張りの禽舎を大工に頼んで造った。イタチや野犬防止の為、コンクリートの基礎にしたのだ。

四方金網張りで、戸は逃げられないようにネットを内側に、外扉を付けた二重戸にした。全部で十七万円かかった。三畳の広さだった。

飼い始めて一年、発情期になり庭の雌は木の根元を浅く掘り産卵した。地鶏の卵大の薄青緑色だった。早速、知人の孵卵器に入れて貰い待つ事三週間、初生雛十羽を受取り(無精卵もあった)別棟の掘立小屋の禽舎に入れたのが誤算だった。ここは基礎コンクリートがなかったので逃げたかイタチに食われたか、翌朝一羽もいなかった。親鳥と一緒にしておけば良かったかも知れない。

結局、この年合計四十個の卵を産んだ。その食味は鶏卵と変わらず、卵焼き、茹卵、卵かけ御飯にしても美味だった。この雉子達は飼育を始めて三年後に全部放鳥した。

地震の前に雉が鳴く、と俗信があるが本当である。実際、地震の一、二秒前にチョケーンチョケーンと高く鳴いた。放鳥した雉は翌春、庭の元禽舎に雄が一羽帰って来た。近付いても逃げなかった。別に餌もなかったからか山に帰ったが、以後前の山で良く鳴く声が時々聴こえた。帰巣本能があるのか懐しい思い出だ。もう、この禽舎はない。

その四

私のように鳥好きが永い事続くと、いつしか鳥に似て来る。食べ方も早いし快食快便で便秘や宿便は全然ない。若い時の歩き方はダチョウの如く早かった。都会の駅から一斉に歩行者が歩くように。そして鳥みたいに遠目がきき、視力は二・〇だった。が、今や眼鏡とルーペを使わないと新聞やＰＣの文字は見えにくいし細密描写の水彩画も描きにくくなった。

鳥と相性が良いと鳥の方から寄って来る。追えば逃げるのは人も同じか。五十余年の間に我が家に飛び込んで来た鳥は数知れず。

雀、目白、尉鶲（じょうびたき）、鵯、白腹、鶺鴒（せきれい）など。又、山中や田圃で雛や幼鳥などを何度も捕えた。鳥が飛び込んで来るのは、鳥（取）込む、と言って縁起が良いのだ。鳥に興味や関心のない人は縁もなかろうし、鳥の方だって眼に映らないだろう。

平成二十九年（酉歳（とり））の初詣に、讃岐の金刀比羅宮に行った。大門を通り、金壹百萬圓、の石碑が林立する参道の左手に職人風の、頭にバンダナを巻いた中年男が立っていた。広げた右手に何か白い物体が載っている。すると山雀が二羽、交互に掌に止まり、嘴に米粒を咥えて木の幹の横枝に止まり、嘴でコンコン叩いている。ほほう、こんな所にも鳥好きがいる、と思った。山雀二羽は大勢の参詣客が行き来するのを尻目に平気で米粒を咥えて時に二羽で奪い合っている。

私も四、五メートル離れて地蔵様のように右手の掌を広げ、「シーシーシー」と山雀の地声を真似ると即一羽が飛んで来た。だが掌上に餌がないので即飛び立った。すると別の一羽が飛んで来て掌上に止まった。が、同様に飛び立った。同じ事を二、三回繰返したがツアーの日帰りなので時間的余裕がなく、その場を後にした。今後、参拝に行く時は、ピーナツや麻の実、ヒマワリの種を持って行こう。

讃岐・金刀比羅宮奉納絵馬「松に灰鷹（はいたか）」雄　昭和63年10月

金刀比羅宮に行くのは絵馬堂に、昔、私が奉納した絵馬があるからだ。野生動物や野鳥を餌付けるとメリットもあればデメリットもある。神戸の六甲山系の猪も餌付けが原点で、都市に出て来たとする説もあるし、猿もしかり。自宅の庭に狸や白鼻心を餌付けて、癒（いや）される人もいるが如何なものか。野生の鳥獣の本能を忘れ人間を頼りにするようになってはいけないのだ。餌付けるまでは楽しみにしておいて、後は時々餌をやる位が丁度だろう。

　毎日、餌をやらない事に尽きる。鳥との出会いは人生を豊かにしてくれる。一度の人生を悔いのないように良く見て声を聴こう。

金比羅の山雀は載る掌に　　俊平

珍鳥見聞録

宇

私の五十余年の鳥との関わりで、珍しい鳥に出会った記録から幾つか例を挙げて紹介しよう。

その一　藪雨(やぶさめ)

時は昭和五十九年十月に越知町の遊行寺(ゆぎょうじ)を通り西側の丘陵地の松坂へ行った時だった。夏鳥として三月頃渡来し十月頃までいる。山奥から山地の良く茂った林や藪に生息する。この鳥は薄暗い環境を好む。私が初めて見たのは午前中で篠竹の密生する中であった。シシシシと尻上りに鳴く声で気付いた。私と眼が合ったが逃げもせず、じっとしていた。それは鶯に似ていたが尾羽が短く白眉が目立つ。鳴声は細く、体は小さくて保護色なので、なかなか人目に触れる事はない。

その二　野駒(のごま)

体長十六センチで大瑠璃と同じ大きさの鳴鳥である。夏鳥として渡来するが数は少ない。

雄は喉が良く目立つ赤色で〝日の丸〟と呼ばれる。昔、御城下の小鳥屋で売物として棚に載りコバンに入っていたのを見た。昭和五十九年十月に郵便局員の斗賀野のN氏が私宅に「この鳥は何じゃお？」と持参した。「ああ、これは野駒で夏の渡り鳥で北海道、東北で繁殖して高知県は通過点です」と説明した。N氏は綺麗な鳥なので剝製(はくせい)にしたかったようだ。解剖器具も薬品もないので写真に撮った。この鳥は電柱にぶつかって死んだのを小学生が拾って、名前を知らないので、持って来られたとか。この頃から人に鳥の名前を問われるようになった。佐川史談会の霧生関(きりうぜき)に鳥の原稿を出していたからかも知れない。佐川町主催の探鳥会を虚空蔵山で催した時はガイドをやったが夏場であり、鳥も参加者も極めて少なかった。それも思い出だ。

その三　金黒羽白(きんくろはじろ)

冬鳥として池や川に渡来する鴨だ。頭、腹、背、翼が黒く腹が白いので目立つ。四国には余り飛来しない。私が初めて佐川で見たのは昭和六十年十一月に柳瀬川上流で由留岐橋(ゆるぎ)下流の堤防の上を、十四羽が一列から二列に分かれ飛翔する姿だ。真鴨より小さく小鴨より大きい中型の鴨だ。下から見ると腹が白く、首や翼が黒く良く目立つ。それ以後佐川では、一度も見た事がない。

その四　山椒喰（さんしょうくい）

夏鳥として渡来する。鶺鴒（せきれい）と同じ大きさで尾羽も長目だ。この鳥は飛ぶ時に、ヒリリヒリリと鳴きながら飛ぶ。「山椒は小粒でもピリリと辛い」の語から名前になった説がある。

私が初めて見たのは昭和六十年頃に佐川の中心地にあった喫茶店である。店主は鳥好きで頬白、山雀、大瑠璃なども飼っていた。飼料や飼育用のコバン、水盤、餌猪口（えちょく）、鳥黐、カスミ網や、人様の惣菜も売っていた。昭和三十七年に佐川で最初の喫茶店だった（今は店主も店もない）。

山椒喰は佐川の川内ヶ谷（こうちがたに）で捕えた人が持って来たとか（買ったか貰ったか知らない）。この鳥は保護鳥だったが、どうやって捕まえたかな。遠目で見ると背黒鶺鴒（せぐろせきれい）に似ているが、余り人を恐れず止り木でじっとしていた。雄なので後頭部が黒く、翼、背、尾羽はグレーで首から胸、腹は白でスマートであった。

その五　鳧（けり）

〝ケリが着いた〟の語源の鳥である。鳩より一回り大きい。ケッケッケ又はケリリと鳴く。立姿は鴫に似るが嘴が短く根元が黄色い。私が初めて佐川で見たのは昭和六十二年二月に岩井口の乾田の上である。

二羽が旋回して、人を恐れるでもなく、ゆっくり飛んでいた。それ以後、全然見る事はない。

その六　大波武（おおはむ）

冬鳥として渡来する。体長七十二センチだから雁、鴨より大きい。平成七年一月に柳瀬川の渕〝清鏡（せいきょう）〟に一羽だけ山側の岸辺に浮いているのを見た。腹が白くアヒル程の大きさに見え、阿比（あび）に似ているが嘴が、鳩のように、とんがっていた。阿比の嘴のように上反りはない。佐川で初めて見て以後は見た事がない。

その七　緑啄木鳥（あおげら）

留鳥の啄木鳥（きつつき）である。山地の林に生息し、キョッキョッと鳴いて、木の幹に縦に止まり餌を捜す。啄木鳥の仲間は木の幹に縦に止まり、登ったり横に移動する。

繁殖期にはダダダダダッと聞こえるような、遠くまで響くようなドラミングをする。背中側が黄緑色で頭が赤く、腹には黒い横縞がある。鳩より一回り小さく虎鶫と同じ大きさだ。

この鳥を間近に初めて見たのは昭和六十一年七月である。父の従妹が嫁した斗賀野の大平、秋沢茂幸氏（故人）の自宅の庭の栗の木である。幹周りが二メートルの大木である。秋沢茂幸氏から「アオゲラの育雛が、うちの栗の大木で見られる」と御手紙を頂いた。それによると地上三・五メートルの所に穴を、うがち営巣、産卵、そして親鳥が毎日、餌を

秋沢邸のアオゲラ

運んでいるが雛が何羽いるかは判らないとの事。

翌日、私はカメラと三脚、鳥類図鑑を持参して秋沢氏宅を訪問した。座敷にカメラを構えて窓越しに緑啄木鳥を観察する。するとガガガッという声と共に一羽の鳥が来た。図鑑で確認すると緑啄木鳥である。窓から五メートル程の距離である。巣穴の前に緑啄木鳥は止まり、雛に餌を与えようとしている。あわてずにカメラのシャッターを切る。俳句を作る場合と同じで一瞬をカメラに納める。穴の入口から口を開けた雛が二つ見える。親鳥は嘴を上下させて反芻(はんすう)した餌を雛に与えている。

秋沢氏によると蛇の親仔が巣を狙うので、タバコの吸殻を栗の大木の根元にまいたとか。毎日、親鳥が給餌に来るので雛の成鳥を見るのが楽しみの日課であるとか。こんなに近くで緑啄木鳥の育雛が見えて写真撮影が出来たのは幸運であった。私が訪れた後で、NHKの「630こうち」の取材班が来て夕方まで、撮影していたとか。七月十一日の早朝のNHKニュースで、私もその映像をテレビで見た。

その時は雛は三羽と放送した。

あれから三十余年、歳月を感じる緑啄木鳥の思い出。

栗の木に穴開けてをり緑啄木鳥は　俊平

江㊙捕鳥今昔

全集・日本野鳥記（講談社）の中に戦前の朝日新聞社カメラマン堀内讃位（さんみ）の「鳥と猟」がある。読むと戦前の狩猟法や狩猟鳥、狩猟税、捕獲禁止鳥及び、捕獲方法について興味深い記述がある。戦前は十月十五日から四月十五日が猟期で、雉、山鳥は十一月一日から二月末日までとある。狩猟免許税も職業猟師か遊猟者か、所得税額により一等から三等までの区分がある。現在、全国で盛んに行われている有害鳥獣駆除は戦前も存在した事が判る。

しかし申請手続が煩雑で許可が出た時は被害が拡大している事がある。三十年位前は、都道府県知事に申請時に、鳥獣保護員（今は鳥獣保護管理員）、市町村の担当者、さらに農協、猟友会長の承認印が必要で、駆除が後手（ごて）になり間に合わない。そこで今は県は、各市町村に委託して予察制度ができた。拡大被害の前に申請すると、すぐに許可が出るようになった。これは毎年、被害にあう場所が前提だが。後で市町村の担当者が有害鳥獣の捕獲証拠として写真を撮る（又は捕獲者が）。そして捕獲した鳥の嘴や脚あるいは獣の尻尾や耳を揃えてさらに塗料でマーキングして提出しなければならない。数年前に九州の霧島地方の猟友会員が、同一捕獲鳥獣を何度も写真撮影して報償金を、不正に得たとしてニュースになったので全国一律の規制強化となったのだ。

さて戦前の法定猟具を列記しよう。

一、銃器
二、網　無双網　霞網　其ノ他ノ張網　突網及ビ投網
三、黐　黐縄　流黐縄及ビ張黐網
四、擌（はご）　高擌（たかはご）及ビ千本擌
五、鉤（はり）　流し鉤
六、罠　括罠（くくり）　箱罠　箱落し　圧（おし）及ビ虎挟（とらばさみ）

他に狩猟期間内であれば、手、棍棒（こんぼう）、黐竿、鷹竿は自由な猟具である。

右に列記した猟法で現在も使われている猟具について簡単に説明しよう。霞網は禁止である。

その一

網については無双網と霞網が土佐では広く使われていたようだ。無双網は長方形の網を左右に伏せて囮を真中に置いて、群れが来たら両側の網を引いて左右の網を畳みかける方

法。テレビで雀を捕獲するのを見たが網は高さ一メートル、長さ五メートル余の小さい物であった。霞網は、鳩、小綬鶏、鴨、鶫、などを焼鳥用に捕獲する為に使われた。又は大瑠璃、黄鶲、目白など鳴鳥捕獲に使われた。

戦前は黒く染めた麻糸や絹糸が霞網に使われた。戦後はナイロンになり、使用販売が禁止になるまでは日本国内のみならずスペインや東南アジアに霞網が輸出された。そして現地で焼鳥用に野鳥が捕獲され、冷凍食鳥として商社が日本へ輸出されたのを買付けた。

こうした一連の行為は、新聞、テレビのニュースになって大々的に報道された。

鴨を捕るには、突網(つきあみ)もしくは投網(なげあみ)がある。投網(なげあみ)と言う三角形の枠に網袋に長い柄が付いたのがある。夕方、鴨の群れが山の尾根を通る時に下から上向いて投げて鴨を捕獲するのだ。江戸時代末期、佐川から須崎へ行く斗賀野峠の川の内の坂で、片田与七(よしち)が投網で鴨を捕り、佐川領主・深尾公に献上し御褒美(ごほうび)に木杯を下賜されたと、佐川町史にある。今も石川県では、この方法で鴨を捕るのをテレビで放映していた。薄暗い中で五メートル余の高さに放り投げるのは体力がいって、タイミングを合わすのが難しそうだ。

田鴨を捕る時は突網を使う。これは田にいる田鴨を狙い円形に歩き円周を縮めていく。そして近付いたら前方に突出す。鳥は、蝶やトンボと違い上から伏せても捕れない。飛鳥を射撃する時も前方を撃たないと当たらない。土佐出身の物理学者・寺田寅彦の随筆集に高知市郊外の久万(くま)の田で、田鴨を捕る突網猟を見たのを文章に残している。

鴨は張網を川や田に張って、鴨を追立て捕る方法である。今は張りっぱなしは駄目で、日中張番をして夜は除去しないといけない。網には狩猟年度や許可番号、住所氏名をプラスチック板に銘記し連絡先の電話番号も記し網に必ず付けてないと違反になる。

谷切網(やっきりあみ)というのは、滑車を使い、鴨の飛翔時に網を引上げ鴨を搦(から)め捕る方法である。

宮内庁の御猟場は千葉県新浜にあったが今は埼玉県越谷(こしがや)にもある。

今上陛下が皇太子殿下の時、雅子様にプロポーズされたのも鴨の御猟場であったと言われている（千葉県市川市新浜）。海から引堀(ひきぼり)を造り囮鴨を啼かせて網で伏せるやり方だ。これも昔テレビで実況放送しているのを見た事がある。讃岐・高松の栗林(りつりん)公園にも引堀の跡が残っている。

鴨網は糸が強く網目が広いので首を搦めたら動きがとれない。ナイロン製なので水に強く簡単に切れない。

その二

黐（挟(はこ)）と言うのは木の枝や篠竹に黐(もち)を巻いたら樹上の枝に水平に懸け下に囮を吊し、鳴鳥を捕るのに使う。土佐では目白、鶯、山雀、大瑠璃、黄鶲、頬白などを捕るのに使われた。目白や鶫などは立仔以外の親鳥は、知恵があり黐にひっつくと、くるりと一回転してブラ下がり体の重みで逃げる事がある。黐を知っている目白は黐を巻いてない元か、先っぽに止まり嘴で黐を突っついてチューピピッと鳴いて逃げるのだ。為に裏黐と言って、上から見えない、裏側だけ黐を巻いたやり方もある。あるいはコバンの天井が蓋になり、支柱を真中一本の止り木に立て、果物を中に入れ餌にして捕る落し籠もある。

昔、「目白とうぐいす」の著者、東京・世田谷の深川景義翁に問合わせた事がある。黐に止まらない目白を捕るには、黐竿に一羽の目白を投込むとあったからだが、返信は要領を得なかった。土佐では目白の立仔を捕る時は、三尺余の黐竿を囮の周辺の枝に十本余りかける輩もいた、と聞いた事だった。これらは、いずれも御禁制前の昭和の時代の出来事だった。

その三

鉤　これはミミズや昆虫を餌に鴨や鶫を捕るのに使う、と聞いた事がある。しかし見た事はない。

その四

罠　これは昔、馬の尻尾でワサを作り半円形に曲げた竹ヒゴを糸で括ったのに、三つ位ワサを吊す。主に鳩、小綬鶏、鶫、鶫、青鵐などが捕れた。昭和三十年代一本五円で、雑貨屋で売っていた。昭和五十年代は一本五十円で雑貨屋で売っていた。とうに禁止だから今はない。

コブテ（コボテ）は木の弾力を利用した鳥の首を絞める物で全国的にあった事が民俗学事典に出ている。クビッチョとも言う。スボワサ（藁ワサ）と言って藁束を丸めて括り、それに稲穂や尉鶲の死骸を付けたのにワサ三つ四つあり木の枝に吊してあったのを思い出す。あと水ワサと言って、渓や泉の水を飲みにくる鳩などを狙ったのもあった。又、空中コブテと言って立木の横枝と上方の枝を使い、枝の弾力を利用して横枝に止まった鳥を締める方法もあった。

もうワサや水ワサ、コブテ、クビッチョ、空中コブテも幻の猟具となった。

於　鳥と天気

現代のように気象情報もなく、デジタル機器もＰＣもスマホもインターネットもない時代、明治時代以前の日本人は何を以って天気を予見したか、神仏の託宣か古老の言か、易占か色々あったと思われる。今に通用する昔の人の知識源が、和漢三才図会と大雑書(おおざっしょ)に出ているので身近な鳥を例としているのを紹介しよう。

和漢三才図会は江戸時代、大坂の商人・寺島良安が三才図絵（王圻）を基に編纂した百科事典である。これの復刻版が東洋文庫から出版されたのを知り昭和六十二年に一巻三千円のを予約注文して買った。全十三巻ある。当時の三千円は今なら五千円に値(あたい)する。大雑書は江戸時代の庶民の日常生活に役立つ事象が列記してある。私は昭和五十年頃に、御城下の古書店で定価二千円のを千三百円位で買った。東京神宮館蔵版の復刻本だ。

昔、この大雑書を祖母に見せると「大雑書じゃねえ」と言っていたので明治時代末には、祖母も使っていた、と思われる。文語体で出ているので読みにくいかも知れない。

ところで生き物はペットとして飼育していると、天気が悪くなる前日は特に食が良い。犬も鳥も金魚も……。私は猫は嫌いだ、蛇も。両方とも、鳥の天敵だから。と言っても私が小学生の頃、昭和三十年代は家にミスと言う名の雌の三毛猫がいた。雉鳩やネズミを獲って来ては私達家族に見せていた。これは、土佐弁で猟良しと言う狩猟本能の発達した飼い猫であった。では大雑書に出ている鳥と天気を紹介しよう。和漢三才図会でも山禽の項に大雑書と似た記述がある。

鸛（鴻）は天を仰いで号鳴すれば必ず雨が降る、とある。徳島か兵庫県豊岡市へ行けば確認できるのだが。また鳩は雨が降りそうになると雄は雌を追い出し晴れると雌を呼び返す、とある。番で飛ぶ時も雨が近いのだが。鸞は、とても綺麗な鳥である。世界一美しい鳥と言う中米のコスタリカに生息するケツァールよりも美しい鳥、鸞！　嘘ではない。

フィフィかフィローフィと単調な口笛に似た鳴声である。桜の開花前に蕾を食いに来たのを平成十年四月に安芸郡芸西村和食の桜ヶ丘公園で見た事がある。五、六羽の小群で人を恐れるでもなく、ゆったりした動作だった。昭和の末期に、須崎市の蟠蛇ヶ森（桑田山）の山頂付近で真冬に見たのを思い出す。

青森県弘前市の弘前城公園の桜は毎年、鸞の食害に遭遇するとテレビのニュースでやっていた。雄は照鸞、雌は雨鸞と言い、常に鳴いて風雨を呼ぶ、とある。九州の大宰府天満宮では鶯替神事をやり、全国の末社でもやっている。〝二十四節気〟とは一年三百六十五日を十五日ずつに区切ったのが二十四気、その区分点を節気と言う。

「立春」とは節分の翌日を立春と云ふ、とある。ここから全て旧暦表記なので新暦より遅らして見る事だ。

「雨水」とは正月中、鴻雁北行とは、雁は陰鳥にて陰を悦びすでに陽気を催すゆえ、北国の陰地へ去なり是を帰雁といふ、とある。

「啓蟄」とは二月、倉庚鳴くとは、倉庚は雲雀なりと云ふ、又鶯とも云ふ此鳥陽鳥ゆえ仲春の気に感じて啼を云ふ、鷹化して為鳩とは猛悪の鷹も温和にして三枝の礼ある鳩となる也、とある。

「春分」とは二月中、玄鳥至るとは玄鳥は燕なり此鳥は陰鳥にて陰を悪み、陽を欣ぶゆえ此頃の陽気を慕ひ北より南へわたる。

「清明」とは三月、田鼠はうぐろもち也、是も春陽に化せられて鶉となる。鶉は陽鳥なり、とある。

「穀雨」は三月中也、春雨よく百穀を生ずるゆえ穀雨と云ふ、鳩は少陽の精也此少陽の気に感じて声を発し欣び飛ぶ也、とある。

「芒種」は五月の節に入て芒のある穀類皆種を稼る故、芒種と云ふ、鵙始めて鳴く、と

ある。（芒＝禾）

「処暑（しょしょ）」は七月中、鷹乃祭鳥とは、鷹が諸鳥（もろとり）をとるのを先（まず）天に供祭する、とある。

「白露（はくろ）」は八月中、鴻雁来り玄鳥去る、二鳥とも北を巣とすれば諸鳥おのれおのれが食物を貯へ冬の養分にそなふるをいふ也、とある。

「寒露（かんろ）」は九月、鴻雁は遅れてわたり群雀（むらすずめ）は蛤（はまぐり）となり黄菊咲也とある。

「立冬」十月、陽鳥に雉海に入って蛤となる、とある。

「小寒」十二月、「雁北嚮鵲始巣雉鳴（かりきたにむかふかささぎはじめてくいきじなく）」とある。

「大寒」十二月、地中の陽気、弥（いよいよ）老陰を追迫（おいせま）るゆえ寒気甚（はなは）だしく大寒といふ、鶏乳とは卵を生事也（うむことなり）

以上が一年を二十四節気に分けて季節の移ろいを鳥にて表現した箇処である。その他、俗信で鳥と天気について小綬鶏が群れピッチョホイと啼くと、二、三日以内に雨が降る。白鷺が木の枝に止まると同様である。あと夏鳥の赤翡翠（あかしょうびん）がピョロロロと啼くと、雨や曇天の日である。佐川では尾川の沢や渓で見られる。嘴から体全体がオレンジ色である。昔は猿丸峠下の幽霊谷（猿丸峠の山頂は江戸時代は猿丸山・東光寺（とうこうじ）という真言宗の寺があり廃仏毀釈で明治初年に焼失した。裏山は多くの墓石が建つ墓地だったが今はソーラーシステムで発電している）で啼いていた。

鳥声を啼くと鳴くでどう違うかと言えば、鳴鳥の場合は鳴くを使う。鷹類や鶴、鴉、鴨は啼くを使う。但し高音で鳴く鶯や大瑠璃、磯鴫や赤翡翠などは啼くも使う。

明治時代の書家・日下部鳴鶴（めいかく）は雅号に鳴く鶴の方を使っている。

その他、鳥の気象予報としては、大雑書に、風雨雑占として鴉雀かけて飛んで天に騒ぎ舞ふは風雨のしるしなり、とか。あるいは鴉水をあびる時は雨降徴也（あめふるしるしなり）とある。いにしえ人の経験が年を重ね普遍の真理となるのか。

二羽の鳩連なり飛べば雨近し　　俊平

加　最終回　回顧録

その一

昭和四十年代は未だ一般的にはコピー機器やパソコン、携帯電話もなかった。本は筆写するか、新聞記事を切り抜いて鳥の研究に活用した。山片蟠桃（やまがたばんとう）や秋山真之（さねゆき）のように記憶する為に本のページを食べた事はない。

新聞記事の切り抜きでは忘れ難い事がある。昭和四十一年、少年の私は某図書館で朝日新聞の「野鳥は滅びる」という随筆を読んでいた。五月十日のバードウィークから十九日までの連載である。筆者は日本鳥類保護連盟会長で山階鳥類研究所を設立した旧・山階宮（やましなのみや）の山階芳麿（よしまろ）である。図書館で私より年上の二十代に見える、女性事務員（司書か？）に「新聞の切り抜きをしたいですが」と言うと「できません」と言う。ならば、と毎日記事を筆写した。数ヶ月経ち「あの新聞は？」と問うと「あれは古紙として処分しました」と言う。去年の高知県立大蔵書三万八千冊の焼却問題と同根ではないか、五十年以上前から山階芳麿の随筆は昭和六十一年に講談社の全集日本野鳥記の６に出ている。
の体質は全く変わっていない。何をか言わん。

その二

私自身、昭和五十年に朝日新聞高知版に、顔写真入りで出た。しかし読者数が少ないのか、鳥に関心がないのか、全然、反応なし。飼鳥を放鳥し、自然と共に、という記事だったが……。私の手元に昭和二十八年一月二十日の高知新聞の切り抜き記事がある。これは昭和五十年頃にタンスの底紙にあるのを見付けた。記事は春の愛鳥物語と見出しがある。内容は――高岡郡須崎町議長、岡本筆馬(ふでま)氏（五六）の愛育するうぐいすは《日ー月星》となく名鶯といわれ、既に元日から清らかに鳴き続けているー中略ー同氏は「世にいうホーホケキョとなくのは愚鶯(ぐおう)です〝日ー月星〟となくのこそ天下のうぐいすですよ」といささか自慢気に愛鶯を高く持ち上げ眼を細めて居る――とある。（写真付で）

土佐の鶯は百羽に一羽の名鶯「月星」に限るようだ。また昭和四十一年七月三十日の高知新聞に〝メジロなど四十八羽、県に無許可飼育と押収〟の見出しで――かわいいメジロ四十七羽とウグイス一羽が二十九日朝、県林業課に押収されてきた。この日押収した四十八羽は高知市の工員Ｔさん（56）方で飼っていたもので一羽三万円から十数万円もする名鳥も含まれている。同課では「野鳥は自然の中で楽しんでもらいたい」とある。Ｔさんの話として「小鳥はいずれも日曜市などで五百円から千円で買ったもので飼いはじめて三年になるが、そんな制限のあることは全く知らなかった。せめて許可の下りる分だけでももらい下げて帰りたいと思っています」とある。

その三

昭和四十年代は高知県内に鳥飼いは大勢いた。ほとんど無許可飼育で御禁制の保護鳥も多数見られた。当時、佐川町議会の議長が新聞記事に写真付で小さく出た。趣味は鮎漁と鳥飼いとあって多い時は、四十羽余りを飼育していた、とある。平成十九年に安芸市では目白を八十羽、違法飼育で御用になった記事が出た。

その四

高知県にいない鳥に鵲（かささぎ）と尾長（おなが）がいる。鵲は、豊臣秀吉が朝鮮出兵の時、持ち帰ったのが繁殖して今に至る。昭和六十一年一月に私は長崎旅行の時に、佐賀平野に見えた落葉樹の並木に二十羽余りの鵲が営巣準備か、群れて飛んでいるのを列車の中から初めて見た。

ところで東京の鳥も五十年前と比べると激減した。昭和四十年代の東京は、高尾山、三多摩、皇居外苑、明治神宮、新宿御苑など何処も野鳥の声姿が多く確認できた。私は、ここ十年位、毎年、東京を再訪している。だが風景（環境）が一変して昔の面影がない。羽田空港からモノレールに乗っても、ＪＲや小田急、京王に乗っても……。

中央線沿線にあったケヤキの大木や畑、空地が全然ない。駅前は再開発され、開かずの踏切はなくなり、バスターミナルや高層マンションが林立していた。昔、JR中央線から遠く富士山が見えた風景はもうない。

多摩霊園や深大寺（じんだいじ）、井の頭公園、武蔵野公園など尾長や四十雀、雉鳩が、ふんだんに見え声が聴かれたが、今は声姿なし。晴天の午前中の五月や十月だったが……。

東京は日本の縮図であるが、半世紀経つと、かくも野鳥は激減するのか……。

昔、私はオーストラリアのシドニー近郊の、クルンビンの野鳥公園で、鳥の種類と数の多さに感動した。あれから三十年余り経つが、今も変わらぬ公園かな。フランス、スペイン、ベルギーにも行ったが、街中の鳥は少なく、いても薄汚れた感じだった。パリもマドリードもブリュセルも東京に比べると（当時）樹木が少なく鳥も少なかった。

土佐の鳥も平成の世で、三度鳥の声姿が激減した。北方や南方からの渡り鳥や、留鳥の目白、鶯、頬白、山雀や雀までも。平成三十年秋から三十一年の三月頃まで鳥の声姿が少ないと感じた。県内は勿論、全国的な傾向で十年おき位の間隔で、この現象は起きる。

原因不明である。昔、中国で春と秋に広州交易会という大規模な商取引の中に希少鳥獣の展示販売があって、鳥獣の剥製や毛皮もあり大勢の客でにぎわっていた雑誌記事を見たのを思い出す。もうないだろう、ワシントン条約や諸々の輸出入規制が強化されて。

その五

昭和五十四年五月二十六日から二十七日に高知県主催の探鳥会が足摺方面で開催された（今は高知県主催の探鳥会はやってない）。一泊二日で会費一人六千五百円だった。和田豊洲博士が講師で、県自然保護課・三宮一精氏や高知大学の小島圭三先生、大豊町西峰の鳥類研究家・三谷勇太郎氏など一行三十九名は県庁からバスで出発した。当日の夜はホテルで宴会、翌日は早朝五時に出発した。

目指すは足摺国立公園の白皇山である。鴉、雀、鳶、鶫、小啄木鳥、四十雀、目白、鶯、小綬鶏の声がする。スダ椎の森を抜け探鳥コースを廻り帰途に着く途中で、密猟者発見！目白の囮を使い、追込籠もあり黐竿も数本あった。鳥獣保護員、監視員、県職員が立会いの下、御用となった。足摺半島はワレナベ、オオバノトンボソウ、キンラン、スダジイ、ヤッコソウなどの植物群落や様々の野鳥が繁殖する。狩猟禁止の鳥獣保護区である。

この密猟者の中年男は新聞記事にはならなかった。野鳥を見聞する探鳥会で、まさか密猟者を捕えるとは！　痛快！　あっぱろけで面白かった。こうしてヤブツバキの樹海を見て歩いた。海岸には天草採りの人もいた。亜熱帯植物園には三光鳥がヒラヒラと蝶のように舞う。タブの木やビロウ、ホルト、トベラ、オオイタビなどがあり紺碧の海を背景にアサギマダラが優雅に舞い磯鵯も良く啼いた。

私は少年のころ高知県主催の探鳥会で越知町の横倉山へ行き、和田豊洲博士に出会った。それから博士が健在の時は何度か、探鳥会に参加して教えて頂いた。もう感動的な探鳥会はないだろう。この足摺探鳥会は一番の思い出である。

第三章　詩

鳥飼いの翁

ありゃおまさんは今何をしよるぜよ？
メジロを飼いよるかよ？
あしゃあ八十になってから鳥飼いは止めた
たいちゃ鳥は飼うた
瑠璃、黄鶲、駒鳥、鶯、頬白、山雀やら色々飼うてみたが
メジロが一番じゃ

一に紀州　二が淡路　三阿波　四土佐　五が豊後ゆうて
昔は皆　りぐって飼いよった
徳島から和歌山の鳥は胴が長い、ほんで色が濃い、声も太い
高知のメジロは安芸から東の鳥が偉い、飼うてみたらじき判る

囮にするやったら二声で鳴いたり雌鳴きしたり
止り木に止まって翼を振ってリュウリュウリュウゆうて寄せ鳴きをして
親が来たら嘴をパチパチ鳴らいてケンカするばあ悍なメジロやないといかん

寄席へ出すやったら食いがエエ行儀な鳥が一番よの
餌猪口へ糞ひったりコバンへ眼を刺したり、底を這い回るがはいかん！
止りが低うて落ち着いちゅうがエエ

春先になったら毎日、同じ時間に同じ場所で台へ載せて
ソロバン擦ったら、じきに鳴くようにしつけないかん
口が軽い方がエエ

寄席で御城下の数鳴きは三分間で六百口以上鳴かんと話にならん
後免の長鳴きやったら一声二十秒以上鳴かんと寄席へ出せん決まりじゃ
長鳴きやったら尺の長い方がエエ

とっと昔◎◎の萬吉さんと○○の銀次郎さんの鳥はしょう鳴いたが違う
絶品じゃった、もうあがなメジロは出てこんのうし……

歳がいてメジロを飼いよったら
どっちか先に満(み)てたら終わりよの……

満(み)てたら（土佐弁）＝死んだら

あとがき

鳥の研究は人一代で、あるいは一人で出来るものではない。まして私のような趣味の延長で僅々五十余年を費しても局所的自然観でしか見てないかも知れない。野鳥の保護増殖に努め次世代への継承が言われても、人間社会が優先されるから鳥の生息環境の維持と、種の保存は益々難しくなると思われる。

人は何をするにも人間関係が伴なう。私も多くの人に出会い教化され感化され、珍しい鳥や不思議な鳥も見て来た。出会った人で影響が大きかったのは御城下の鳥飼いの翁や和田豊洲博士、会った事はないが尊敬する中西悟堂氏など。

またこの随筆集「土佐の鳥」を、俳誌「蝶」に三年余連載してくれた編集者の味元昭次氏、書家で篆刻家の吉岡義一氏、佐川史談会の竹村脩会長あるいは泉下の竹村義一氏や桂井和雄氏、西森泉水氏などに深甚の感謝をもって本書を捧ぐ。

二〇二〇年（令和二年）初春記す

土佐の鳥

2020年 2 月 4 日発行　　定価1,900円（税込）

著者・発行者　渡 邉 俊 平
〒789-1202
高知県高岡郡佐川町

印　刷　株式会社 飛　　鳥
〒780-0945
高知県高知市本宮町65-6
電話 088-850-0588